地方安全生产监管方法适用

DIFANG ANQUAN SHENGCHAN JIANGUAN FANGFA SHIYONG

鲁海文　编著

图书在版编目（CIP）数据

地方安全生产监管方法适用/鲁海文编著．—武汉：中国地质大学出版社，2023.3
ISBN 978-7-5625-5490-5

Ⅰ.①地… Ⅱ.①鲁… Ⅲ.①安全生产-监管制度-中国 Ⅳ.①X924

中国版本图书馆 CIP 数据核字（2023）第 018499 号

地方安全生产监管方法适用				鲁海文 编著
责任编辑：杨 念 徐蕾蕾		选题策划：徐蕾蕾 杨 念		责任校对：张咏梅
出版发行：中国地质大学出版社（武汉市洪山区鲁磨路388号）				邮政编码：430074
电 话：(027) 67883511	传 真：67883580		E-mail：cbb@cug.edu.cn	
经 销：全国新华书店			http://cugp.cug.edu.cn	
开本：710mm×1 000mm 1/16			字数：219千字	印张：13.75
版次：2023年3月第1版			印次：2023年3月第1次印刷	
印刷：武汉市籍缘印刷厂				
ISBN 978-7-5625-5490-5				定价：66.00元

如有印装质量问题请与印刷厂联系调换

前　言

安全生产监管方法上的改革创新不是一蹴而就的，它需要政府人、财、物的大量投入和监管观念上的改变。适宜的安全生产监管方法的出台不仅是地方经济、社会安全稳定的客观需求，而且是"安监人"集体智慧的结晶，甚至是建立在惨烈的生产安全事故教训之上的。

各级地方政府安全生产监督管理部门长期以来都在努力探索适合本地方的监管方法。一些地方监管方法得当，生产经营单位主体责任得到加强，安全管理水平不断提升，地方生产安全事故发生率持续下降，取得了明显的监管效果。然而，在目前我国安全生产监管行政体制下，政府安全生产监督管理部门负责人的轮岗（或其他情况）也许就意味着尚未纳入立法层面、效果良好的安全生产监管方法创新成果，由于人员变动面临被遗忘的局面。

2018年中华人民共和国应急管理部成立，将加强安全生产监管作为一项主要改革任务，强调安全生产作为应急管理部门的基本盘和基本面必须巩固及加强。这场"大应急"改革有利于我们通过调整安全生产监管方法，破解安全生产难题，推动地方安全生产平稳向好。因此，我们有必要对现有的安全生产监管方法进行归纳和研究，提炼并总结成功的经验，为新时代应急管理事业提供宝贵的借鉴和参考。基于此，本书以安全管理科学原理为依据，重点对我国近年来常用的安全生产监管方法进行梳理和解读。同时，笔者根据中共中央、国务院印发的《关于推进安全生产领域改革发展的意见》(2016年12月)，对近年来部分地方创新的安全生产监管方法进行了收集和探讨。

  由于笔者经验和水平所限，书中难免有不足之处，敬请各位专家和读者批评指正。本书引用和参考了有关专家学者的研究成果，在此一并表示感谢！

鲁海文
2022 年 3 月 16 日

目 录

第一章　安全生产监管方法概述 …………………………………… (1)
第一节　安全生产监管方法的概念 ……………………………… (1)
一、安全生产监管方法 …………………………………………… (1)
二、安全生产监管方法的表现形式 ……………………………… (2)
三、安全生产监管方法的构成要件 ……………………………… (2)

第二节　安全生产监管方法的分类 ……………………………… (3)
一、治理目标监管方法 …………………………………………… (3)
二、综合监管方法和行业监管方法 ……………………………… (4)
三、全面监管方法和专项监管方法 ……………………………… (5)
四、传统监管方法、现代监管方法和创新监管方法 …………… (6)
五、国家规定的监管方法、部门规定的监管方法和地方规定的监管方法 …………………………………………………… (7)

第三节　安全生产监管方法的内容 ……………………………… (8)
一、安全生产行政执法 …………………………………………… (8)
二、安全生产宣传培训 …………………………………………… (15)
三、安全生产经济调控 …………………………………………… (17)

第四节　安全生产监管方法适用原则 …………………………… (20)
一、合法原则 ……………………………………………………… (20)
二、合理原则 ……………………………………………………… (21)
三、统一原则 ……………………………………………………… (22)
四、效能原则 ……………………………………………………… (22)
五、地域原则 ……………………………………………………… (23)

第二章　安全生产管理理论 ………………………………………… (25)
第一节　安全生产管理学基础理论概述 ………………………… (25)
一、事故致因理论 ………………………………………………… (25)

二、能量意外释放理论……………………………………………（30）
　　三、轨迹交叉理论…………………………………………………（33）
　　四、系统安全理论…………………………………………………（35）
　　五、综合原因理论…………………………………………………（36）
　第二节　常用安全生产监管原理………………………………………（36）
　　一、系统原理及原则………………………………………………（37）
　　二、人本原理及原则………………………………………………（39）
　　三、预防原理及原则………………………………………………（40）
　　四、安全强制原理及原则…………………………………………（41）
　第三节　安全管理理论的发展…………………………………………（41）
　　一、人类社会安全管理的理论发展………………………………（42）
　　二、我国安全管理理论的发展……………………………………（43）
　　三、新时代中国特色社会主义安全发展观………………………（44）
　第四节　影响地方安全生产监管方法制定的因素……………………（50）
　　一、地方经济发展状况……………………………………………（51）
　　二、地方安全生产投入水平………………………………………（52）
　　三、地方产业结构…………………………………………………（55）
　　四、现行安全生产法律法规和安全技术标准框架………………（56）
　　五、安全科学技术水平的提高……………………………………（57）
　　六、安全管理科学的发展…………………………………………（58）

第三章　地方安全生产监管方法…………………………………………（59）
　第一节　加强安全生产责任制…………………………………………（59）
　　一、安全生产"一岗双责"监管……………………………………（59）
　　二、安全生产网格化监管…………………………………………（68）
　　三、安全生产闭环循环监管………………………………………（76）
　第二节　推进依法监管…………………………………………………（83）
　　一、重点监管………………………………………………………（83）
　　二、分类分级监管…………………………………………………（89）
　　三、年度计划监管…………………………………………………（97）
　　四、安全生产执法监察标准化建设 ……………………………（105）

第三节　建立安全预防控制体系 …………………………… (112)
　　一、双重预防机制监管 ………………………………… (112)
　　二、前瞻性监管 ………………………………………… (119)
　　三、溯源监管 …………………………………………… (125)
第四节　加强安全基础保障能力建设 ……………………… (131)
　　一、安全生产信息化监管 ……………………………… (132)
　　二、安全生产培训类APP的运用 ……………………… (139)
　　三、"安全第一课"培训 ……………………………… (143)
第五节　创新型安全生产监管方法 ………………………… (148)
　　一、安全生产标杆监管 ………………………………… (149)
　　二、安全生产"智慧化"监管 ………………………… (157)
　　三、逆向监管 …………………………………………… (164)
　　四、信用监管 …………………………………………… (169)

第四章　安全生产监管方法效率研究 ………………………… (178)

第一节　安全生产监管方法效率 …………………………… (178)
　　一、安全生产监管方法效率的概念 …………………… (178)
　　二、安全生产监管方法的内部效率 …………………… (179)
　　三、安全生产监管方法的外部效率 …………………… (180)
第二节　安全生产监管效率评估数据统计 ………………… (181)
　　一、安全生产监督管理部门执法统计数据 …………… (181)
　　二、生产经营单位主体责任落实情况统计数据 ……… (186)
　　三、安全生产监管成果相关数据 ……………………… (187)
　　四、安全生产监管数据的分类 ………………………… (187)
第三节　安全生产监管效率的评估 ………………………… (189)
　　一、安全生产监管效率评估体系的建立 ……………… (189)
　　二、安全生产监管效率评估的内容 …………………… (190)
　　三、安全生产监管效率评估的方法 …………………… (191)
第四节　提高安全生产监管方法效率的策略 ……………… (194)
　　一、提升监管能力，因情施策 ………………………… (195)
　　二、运用先进设备，技术施策 ………………………… (195)

三、严格依法监管，精准施策 …………………………………(196)
　　四、坚持源头防范，科学施策 …………………………………(196)
　　五、坚持系统治理，综合施策 …………………………………(197)
　　六、坚持改革创新，与时俱进 …………………………………(198)
　　七、持之以恒适用，久久为功 …………………………………(199)
　第五节　常见地方安全生产困境及应对方法 ……………………(199)
　　一、地方安全生产现状出现危机 ………………………………(199)
　　二、地方安全生产监管漏管失控 ………………………………(202)
　　三、地方长期处于高危状态 ……………………………………(204)
主要参考文献 …………………………………………………………(208)
后　记 ………………………………………………………………(209)

第一章 安全生产监管方法概述

监管即监督或监视管理，主要指保持一定距离、为保证事物正常运行而进行的监督和控制。监管属于行政管理范畴，可运用于安全生产领域。安全生产监管是政府安全生产监督管理部门以加强安全生产，防止和减少生产安全事故，保障人民群众生命和财产安全，促进经济社会持续健康发展为主要目标的一系列行政管理措施与活动，同时也是政府行政管理的重要内容之一。

第一节 安全生产监管方法的概念

一、安全生产监管方法

安全生产监管方法是指政府安全生产监督管理部门，以减少直至消灭生产安全事故为目的，在安全管理理论体系指导下，运用行政手段解决社会治理过程中的安全生产问题。安全生产监管方法的内容主要包括安全生产执法、宣传和培训、经济调节三方面，其目的是通过政府安全生产监督管理部门根据法律赋予的行政权力，对被监管者涉及安全生产的生产经营活动进行禁止或限制、认同或鼓励、通过指导或执法等行政行为以达到监管的意图；其具体方式包括与上述行政行为相对应和配套的行政检查、行政处罚、行政强制、行政许可、行政指导等措施；其表现形式是法律法规、部门规章等安全生产规范性文件。

概括地说，安全生产管理和技术理论主要说明安全生产"是什么"的问题，属于认识论的范畴；安全生产监管方法主要解决"怎么办"的问题，属于方法论的范畴。安全生产监管方法是安全生产监督管理部门根据安全生产法律法规，运用各种法定的安全生产行政管理手段，实现安全生产监管目的的工具和媒介。安全生产监管方法在安全生产管理和技术理论指导下，具体运用到某一行业或某一领域的监管实践，就是该行业或领域的监管方法。

二、安全生产监管方法的表现形式

我国安全生产监管方法的主要表现形式是安全生产法律法规、规章及规范性文件。安全生产监督管理部门通过规范性文件的明文规定，开展安全生产行政执法，运用宣传、培训及经济方法，达到对安全生产进行管理的目的。其中，国家安全生产监管方法体现在法律法规、部门规章和规范性文件中，在全国范围内适用；地方安全生产监管方法体现在地方性法规、规章、规范性文件中，在地方范围内适用。

安全生产监管方法的形成往往针对一定区域和时间段，通过对安全生产监管实践进行分析研究和系统总结，提出一般性的原则和一系列具体措施。最初往往体现在地方规范性文件中；经实践证明效果明显，切实可行后，可以通过立法形成地方法律法规、规章；后经推广应用，若具有普遍指导意义，全国适用，可以通过立法最终形成国家法律法规或部门规章，通过各级立法机关或政府部门予以公布施行。

为顺应时代变革要求，党和政府提出了安全生产作为应急管理的基本盘和基本面只能加强，不能削弱的要求，在突出加强安全生产监管执法的同时，对其监管方法进行研究和规范已成为亟待解决的重要课题。

三、安全生产监管方法的构成要件

安全生产监管方法属于行政法的范畴。行政法是规定国家行政机关对社会公共事务进行组织和管理活动的法，是调整行政关系的法律规范总称。行政法、刑法、民法、诉讼法、经济法等部门法律，共同组成我国法律体系。由于行政活动较复杂，往往还要细分为每一具体部门行政活动的法律规范，如公安行政法、民政行政法、教育行政法、卫生行政法、海关行政法、税务行政法、工商行政法、应急管理行政法等。

国家实施应急管理综合体制改革，安全生产监管方法包含在应急管理行政规范范围内，应符合行政法一般原理。它的行政法律关系的主体是指享有国家行政权力，能以自己的名义实施行政行为，并能独立承担由此产生的法律效果的国家行政机关，即负有安全生产监督管理职责的政府部门；行政法律关系相对人是指行政法律关系中处于被管理地位的公民、法人和其他组织；行政法律关系的客体是指行政法主体的权利义务所指向的标的或对象，具有一定的利益性，包括能满足人们物质需要的实际存在的物质利益和能满足人们精神需要的无形的精神利益，如水、土地、大气、矿产、房屋、人格、名誉等。同时，安全生产监管方法运行过程中必须遵守行政法定、行政均衡和行政正当等行政法普遍适用的基本原则。

第二节　安全生产监管方法的分类

从不同的依据出发，安全生产监管方法可划分为不同的类型。根据安全生产监管方法治理所要达到的目标区分，可分为加强安全生产责任制、推进依法治理、建立安全预防控制体系等多种类型的监管方法；根据安全生产监管方法适用的主体区分，可分为综合监管、行业监管方法；根据安全生产监管方法适用范围区分，可分为全面监管、专项监管办法；根据安全生产监管方法对现时适用的效果区分，可分为传统、现代、创新监管方法；根据安全生产监管方法制定的主体区分，可分为国家规定、部门规定、地方规定的监管方法。

一、治理目标监管方法

根据安全生产监管方法治理所要达到的目标区分。我国地方适用的安全生产监管方法主要有加强安全生产责任制监管、推进依法治理监管、建立安全预防控制体系监管等多种类型。安全生产是关系人民群众生命财产安全的大事，是经济社会协调健康发展的标志，是党和政府对人民利益高度负责的要求。党的十八大以来，习近平总书记多次作出重要指示批示，强调各级党委和政府务必把安全生产摆到重要位置；坚持人民至上、生命至上，统筹发展和安全；树牢安全发展理念，严格落实安全生产责任制，强化风险防控，从根本上消除事故隐患，切实把确保人民生命安全放在第一位落到实处。2016年12月，中共中央、国务院印发《关于推进安全生产领域改革发展的意见》（简称《意见》），对安全生产工作作出重大系统性的部署，着重解决安全生产体制机制等深层次问题。《意见》提出的一系列改革举措和任务要求，为当前和今后一个时期我国安全生产领域的改革发展指明了方向和路径，其中若干工作要点可以作为安全监管工作的直接目标。经过多年实践，在《意见》指导下，工作要点已形成几种不同模式的监管方法，如加强安全生产责任制，目前有一岗双责、网格化、闭环循环监管等几种模式的监管方法。同一要点中不同模式的监管方法目的相同、目标一致，且具有明显的时代特性。贯彻落实习近平总书记关于安全生产工作的重要指示批示精神和党中央有关重大改革举措的任务要求，有必要以《意见》提出的主要工作要点作为目标，对其相应监管方法进行分类，对其中已形成的监管模式进行总结。本书主要根据该种分类对安全生产监管方法进行研究。

二、综合监管方法和行业监管方法

根据安全生产监管方法适用的主体区分，可分为综合监管方法和行业监管方法。综合监管方法是指各级人民政府安全生产监督管理部门，依照法律法规所赋予的权限，对辖区内的安全生产工作进行宏观管理和指导的方法，其目的主要是代表政府履行监督检查、综合协调、行政执法等方面的职责，从而保证在本地方全面贯彻落实党和国家的各项方针政策与安全生产法律法规。综合监管方法属于宏观的、高层面的、全局性的监管方法。它的功能主要是运筹谋划、导向促进、组织部署、监督检查、指导协调、宣教培训、综合调度等。相对于部门专项安全生产监督管理方法而言，它是对各行业、各领域安全生产中普遍存在的共性问题进行综合监督管理的方法，同时也是对各项专项监督管理工作进行协调、指导和监督的方法。安全生产综合监督管理是我国安全生产监督管理的重要方式，要做好安全生产综合监督管理工作，就必须从全社会大概念、全行业大安全的角度，全面理解和研究安全生产综合监管方法。

行业监管方法是行业主管部门运用安全生产执法、宣传培训、经济调节等方式，从实体和程序两个方面对进入行业的生产经营单位和事件进行监督管理的工作方法。行业监管方法提供行业安全生产管理目标得以实现的路径，适用范围限于本行业，对象包括本行业企业、事业单位。部分行业有行业法规依据，依法实施监管；部分行业无行业法规依据，一般根据人事部门确定的"三定"(定点机构,定点人员,定点职责)方案实施管理。行业监管的职能主要是全面组织本行业安全生产监管工作,承担行业管理责任,并对其他部门负责的专项监管工作承担行业配合责任。根据相关法律法规规定,部分行业监管部门依法承担本行业特定领域的监管主体责任,其制定的涉及安全生产监管方法规范性文件内容就是行业监管方法。如建筑安全方面,住房建设部门作为建筑行业安全生产的综合监管部门,对本行业涉及安全生产工作承担监管责任,须履行专项监管职责,必须有建筑安全方面的监管方法。

正确运用综合监管方法与行业监管方法,不可越位,也不能缺位。《中华人民共和国安全生产法》第十条明确了应急管理部门与其他负有安全生产监督管理职责的部门的权限。应急管理部门履行安全生产监督管理职责必须科学认识和处理综合监管与行业主管的关系,要全面履行自己的职责,精准发力,总结出自身主管的危险化学品、烟花爆竹、非煤矿山等高危行业的安全生产监管方法,按照谁主管谁负责的原则,切实担负起监管主体的责任;对工商贸行业的安全生产工作,严格按照职权法定的原则,严格履行好监督监察的责任。同时对建设、教育、交通、水利等其他行业的安全生产监管工作,应急管理部门应严格依据法律法规界定的职责和程序,借助安全生产委员会,发挥规划、指导、监督等宏观作用,在安全生产监管方法方面为行业主管部门提供安全生产信息、规划与技术支持指导,同时提供综合性的监管方法。

三、全面监管方法和专项监管方法

根据安全生产监管方法适用范围区分,可分为全面监管方法和专项监管方法。全面监管是指对从事相同或相近性质的经济活动的所有单位开展的安全生产监管活动,具有普遍性和常规性的特点。其中单位是有效地开展各种经济活动的实体,是划分国民经济行业的载体。专项监管是指对生产经营单位经营过程中组织结构、经营活动、业务流程、关键岗位、部门员工等内部控制的某一或者某些相同的环节,进行有针对性的监督检查的安全生产监管活动。它通常依据专项安全生产法规,职责规定明确,专业性强,监管范围限于专项领域,一般由某个政府部门独立承担法定监管职责。因此,专项监管是一种相对独立的监管主体责任,监管对象包括涉及专项领域的企业、事业单位和机关。如特种设备安全监管，市场监管部门依据《中华人民共和国特种设备安全法》《特种设备安全监察条例》，全面负责特种设备的设计、制造、安装、改造、维修等各环节的监管工作，职能集中，与其他部门交叉较少。

专项监管方法比全面监管方法更直接、更具体、更专业。同时，专项监管方法可能跨行业和领域，可以在不同岗位、工艺、流程中适用。专项监管是全面监管的一个组成部分，其监管方法也可以在全面监管过程中得到运用。

四、传统监管方法、现代监管方法和创新监管方法

根据安全生产监管方法对现时适用的效果区分，可分为传统监管方法、现代监管方法、创新监管方法。传统监管方法是根据当时安全生产状况制定的，现在仍在适用，并具有监管效果的监管方法；现代监管方法是随着时代进步和现代工业社会的全球性大转变过程，安全生产观念产生变化而制定的符合现实安全生产状况的监管方法，与传统监管方法比较，具有发展性、进步性、科学性的特点；创新监管方法是指以现有的安全生产思维模式提出的有别于常规思路的见解为导向，利用现有的安全管理知识和技术装备，本着理想化或为满足社会安全生产需求，而改进或创造新的事物、元素、路径、环境，并能获得有益效果的监管方法。它的本质是突破旧的安全生产监管思维定势和常规戒律，是安全生产监管内容的表现形式和手段的创造与完善。

从现时适用的效果上区分，传统监管方法稳健但保守，往往代表过去；现代监管方法实用但需改进，往往代表现在；创新监管方法先进但需完善，往往代表未来。三种监管方法共存和互相交叉，分别运用于不同监管领域。如综合监管因涉及面广，影响深远，往往运用传统监管方法较多；行业监管因经济和社会发展，新材料、新技术更新迅速，往往运用现代监管方法较多；专项监管因涉及面窄，影响小，容易运用创新监管方法。此外，三者可以相互转变，随着社会的发展，创新监管方法会成为现代监管方法；随着时间的推移，现代监管方法会成为传统监管方法。创新是社会发展的强大动力，只有不断推进安全生产理论创新、

制度创新、体制机制创新、科技创新和文化创新，增强单位内生动力，激发全社会创新活力，才能破解安全生产难题，推动安全生产与经济社会协调发展。实施创新驱动发展战略，紧盯世界前沿科技成果，超前布局科研领域，着力提升重大生产安全事故监测感知、评估研判、预测预警、综合防控等关键核心技术。以需求为牵引，以实战为重点，完善产学研协同创新机制，研制一批先进适用的安全生产技术装备，才能改变安全生产被动的局面。目前，我国正在向后工业社会迈进，随着发展步伐的加快，站在新征程起点上的应急管理部门必须具备创新意识和创新能力，在安全监管方法上要符合国际社会发展的潮流，视野应该更加宽阔，理论应该更加丰富，方法应该更加科学。通过监管方法的创新，我们期待以前困扰我们的安全生产监管诸多痛点、难点都能迎刃而解。

五、国家规定的监管方法、部门规定的监管方法和地方规定的监管方法

根据安全生产监管方法制定的主体区分，可分为国家规定、部门规定、地方规定的监管方法。国家规定、部门规定监管方法属于国家法律法规或部门规章明确规定必须适用的方法，安全生产监督管理部门在实施安全监管行政行为时必须适用，具有强制性和普遍性的特点；地方规定监管方法属于地方立法或地方规范性文件明确规定的适用方法，是地方安全生产监督管理部门在实践基础上提出改进或突破原有模式，并能获得明显效果的监管方法，具有实践性和创新性的特点。三者可以同时在同一地方适用，后者更适合于地方特定的行业或领域，是因地方安全生产局面的特殊性和差异性所确定的。同时，地方规定监管方法如果经实践检验证明监管效果明显、效率提升，具有普遍的代表性，可以推广至全国适用，通过立法程序成为普遍适用的监管方法。

对安全生产监管方法进行分类，可以帮助我们从不同的角度理解各种监管方法的产生、运行和适用环节，更加全面地认识其本质和规律。目前，应急管理部门整合了安全监管、消防、防灾救灾的职责，安全监管工作成了"大应急"工作的 部分。应急管理部门集中资源办大事，使部门的职能更加全面、专业。加强安全生产监管方法的研究，选择适当的监管方法，才能更好地应对复杂的安全生产局势。

第三节 安全生产监管方法的内容

我国的安全生产监管经过多年的积累,已基本形成了适合我国国情和地方实际情况的多种安全生产监管方法,其内容相对稳定,均是国家安全生产法律法规等规范性文件,主要包括安全生产行政执法、宣传培训、经济调控几个方面。

一、安全生产行政执法

安全生产行政执法是安全生产监管机构依照法定职责、权限和程序,对行政相对人履行安全生产法律法规情况进行行政检查、行政许可,依法采取行政强制、行政处罚等一系列措施,并直接影响行政相对人权利和义务的具体行政行为。安全生产行政执法内容的法律性是其主要特征之一。安全生产行政执法是依法行使职权的活动,必须严格依法办事,无论采取何种形式,都必须以法律法规、规章以及其他规范性文件和技术标准(包括实体规定和程序规定)为依据,这是维护安全生产行政执法合法性的基本前提。《中华人民共和国安全生产法》《中华人民共和国矿山安全法》《安全生产许可证条例》《危险化学品安全管理条例》《烟花爆竹安全管理条例》等安全生产法律法规的相关规定是行政执法的内容。因安全生产监督管理部门监管的行业和对象不同,监管内容会有差别。以对工矿商贸企业的监管为例,参照安全生产标准化建设的要求,监管内容包括以下几个方面。

(一)建立健全全员安全生产责任制和安全生产规章制度

(1)机构和职责。企业应落实安全生产组织领导机构,成立安全生产委员会,并应按照有关规定设置安全生产和职业卫生管理机构,或配备相应的专职或兼职安全生产和职业卫生管理人员,按照有关规定配备注册安全工程师,建立健全从管理机构到基层班组的管理网络。企业主要负责人全面负责安全生产和职业卫生工作,并履行相应责任和义务;

分管负责人应对各自职责范围内的安全生产和职业卫生工作负责；各级管理人员应按照安全生产和职业卫生责任制的相关要求，履行其安全生产和职业卫生职责。

（2）全员参与。企业应建立健全安全生产和职业卫生责任制，明确各级部门和从业人员的安全生产和职业卫生职责，并对职责的适宜性、履职情况进行定期评估和监督考核。

（3）安全生产投入。企业应建立安全生产投入保障制度，按照有关规定提取和使用安全生产费用，并建立使用台账；应按照有关规定，为从业人员缴纳相关保险费用。企业宜投保安全生产责任保险。

（4）安全文化建设。企业应开展安全文化建设，确立本企业的安全生产和职业病危害防治理念及行为准则，并教育、引导全体从业人员贯彻执行。企业开展安全文化建设活动，应符合《企业安全文化建设导则》（AQ/T 9004—2019）的规定。

（5）安全生产信息化建设。企业应根据自身实际情况，利用信息化手段加强安全生产管理工作，开展安全生产电子台账管理、重大危险源监控、职业病危害防治、应急管理、安全风险管控和隐患自查自报、安全生产预测预警等信息系统的建设。

（二）制度化管理

（1）法规标准识别。企业应建立安全生产和职业卫生法律法规、标准规范的管理制度，明确主管部门，确定获取的渠道、方式，及时识别和获取适用、有效的法律法规、标准规范，建立安全生产和职业卫生法律法规、标准规范清单和文本数据库；应将适用的安全生产和职业卫生法律法规、标准规范的相关要求及时转化为本企业的规章制度、操作规程，并传达给相关从业人员，确保相关要求落实到位。

（2）规章制度。企业应建立健全安全生产和职业卫生规章制度，并征求工会及从业人员意见和建议，规范安全生产和职业卫生管理工作。包括目标管理、安全生产和职业卫生责任制、安全生产承诺、安全生产投入、安全生产信息化、"四新"（新技术、新材料、新工艺、新设备设施）管理、文件记录和档案管理、安全风险管理和隐患排查治理、职业病危害防治、教育培训、班组安全活动、特种作业人员管理、建设项目安全设施和职业病防护设施"三同时"(同时设计、同时施工、同时投入生产和使用)管理、设备设施管理、施工和检维修安全管理、危险物品管理、危险作业安全管理、安全警示标志管理等内容。

(3) 操作规程。企业应按照有关规定,结合本企业生产工艺、作业任务特点以及岗位作业安全风险与职业病防护要求,编制齐全适用的岗位安全生产和职业卫生操作规程,发放到相关工作岗位,并对员工进行培训和考核。企业应确保从业人员参与岗位安全生产和职业卫生操作规程的编制和修订工作。企业应在新技术、新材料、新工艺、新设备设施投入使用前,组织修订相应的安全生产和职业卫生操作规程,确保其适宜性和有效性。

(4) 文档管理。企业应建立文件和记录管理制度,明确安全生产和职业卫生规章制度、操作规程的编制、评审、发布、使用、修订、作废以及文件和记录管理的职责、程序、要求。企业应建立健全主要安全生产和职业卫生过程与结果的记录,应每年至少评估一次安全生产和职业卫生法律法规、标准规范、规章制度、操作规程的适宜性、有效性和执行情况。企业应根据评估结果、安全检查情况、自评结果、评审情况、事故情况等,及时修订安全生产和职业卫生规章制度、操作规程。

(三) 教育培训

(1) 教育培训管理。企业应建立健全安全教育培训制度,按照有关规定进行培训。培训大纲、内容、时间应满足有关标准的规定。企业安全教育培训应包括安全生产和职业卫生的内容。企业应明确安全教育培训主管部门,定期识别安全教育培训需求,制订、实施安全教育培训计划,并保证提供必要的安全教育培训资源。企业应如实记录全体从业人员的安全教育和培训情况,建立安全教育培训档案和从业人员个人安全教育培训档案,并对培训效果进行评估和改进。

(2) 人员教育培训。企业的主要负责人和安全生产管理人员应具备与本企业所从事的生产经营活动相适应的安全生产和职业卫生知识与能力;企业应对从业人员进行安全生产和职业卫生教育培训,保证从业人员具备满足岗位要求的安全生产和职业卫生知识,熟悉有关的安全生产和职业卫生法律法规、规章制度、操作规程,掌握本岗位的安全操作技能和职业危害防护技能、安全风险辨识和管控方法，了解事故现场应急处置措施，并根据实际需要定期进行复训考核。未经安全教育或安全教育培训不合格的从业人员，不应上岗作业；应对进入企业从事服务和作业活动的承包商、供应商的从业人员和接收的中等职业学校、高等学校实习生，进行入厂（矿）安全教育培训，并保存记录。

（四）现场管理

（1）设备设施管理。企业总平面布置应符合《工业企业总平面设计规范》（GB 50187—2012）的规定，建筑设计防火和建筑灭火器配置应分别符合《建筑设计防火规范》（GB 50016—2014）（2018版）和《建筑灭火器配置设计规范》（GB 50140—2010）的规定；建设项目的安全设施和职业病防护设施应与建设项目主体工程同时设计、同时施工、同时投入生产和使用；企业应对设备设施进行规范化管理，建立设备设施管理台账，应有专人负责管理各种安全设施以及检测与监测设备，定期检查维护并做好记录。企业应建立设备设施检维修管理制度，制订综合检维修计划，加强日常检维修和定期检维修管理，落实"五定"（定人员、定时间、定责任、定标准、定措施）原则，并做好记录；特种设备应按照有关规定，委托具有专业资质的检测、检验机构进行定期检测、检验，同时建立设备设施报废管理制度。

（2）作业安全。企业应事先分析和控制生产过程及工艺、物料、设备设施、器材、通道、作业环境等存在的安全风险；应依法合理进行生产作业组织和管理，加强对从业人员作业行为的安全管理，对设备设施、工艺技术以及从业人员作业行为等进行安全风险辨识，采取相应的措施，控制作业行为安全风险，监督、指导从业人员遵守安全生产和职业卫生规章制度、操作规程，杜绝违章指挥、违规作业和违反劳动纪律的"三违"行为；为从业人员配备与岗位安全风险相适应的、符合《个体防护装备配备规范 第1部分：总则》（GB 39800.1—2020）规定的个体防护装备与用品，并监督、指导从业人员按照有关规定正确佩戴、使用、维护、保养和检查个体防护装备与用品；应建立班组安全活动管理制度，开展岗位达标活动，明确岗位达标的内容和要求；建立承包商、供应商等安全管理制度，将承包商、供应商等相关方的安全生产和职业卫生纳入企业内部管理,对承包商、供应商等相关方的资格预审、选择、作业人员培训、作业过程检查监督、提供的产品与服务、绩效评估、续用或退出等进行管理。

(3) 职业健康。企业应为从业人员提供符合职业卫生要求的工作环境和条件,为接触职业病危害的从业人员提供个人使用的职业病防护用品,建立、健全职业卫生档案和健康监护档案;企业与从业人员订立劳动合同时,应将工作过程中可能产生的职业病危害及其后果和防护措施如实告知从业人员,并在劳动合同中写明;按照有关规定,及时、如实向所在地安全监管部门申报职业病危害项目,并及时更新信息;改善工作场所职业卫生条件,控制职业病危害因素浓(强)度不超过《工作场所有害因素职业接触限制 第1部分:化学有害因素》(GBZ 2.1—2019)、《工作场所有害因素职业接触限值 第2部分:物理因素》(GBZ 2.2—2007)等规定的限值。

(4) 警示标志。企业应按照有关规定和工作场所的安全风险特点,在有重大危险源、较大危险因素和严重职业病危害因素的工作场所,设置明显的、符合有关规定要求的安全警示标志和职业病危害警示标识。安全警示标志和职业病危害警示标识应标明安全风险内容、危险程度、安全距离、防控办法、应急措施等内容;在有重大隐患的工作场所和设备设施上设置安全警示标志,标明治理责任、期限及应急措施;在有安全风险的工作岗位设置安全告知卡,告知从业人员本企业、本岗位主要危险有害因素、后果、事故预防及应急措施、报告电话等内容;应定期对警示标志进行检查维护,确保其完好有效;在设备设施施工、吊装、检维修等作业现场设置警戒区域和警示标志,在检维修现场的坑、井、渠、沟、陡坡等场所设置围栏和警示标志,进行危险提示、警示,告知危险的种类、后果及应急措施等。

(五) 安全风险管控及隐患排查治理

(1) 安全风险管理。企业应建立安全风险辨识管理制度,明确安全风险评估的目的、范围、频次、准则和工作程序等。企业应选择合适的安全风险评估方法,定期对所辨识出的存在安全风险的作业活动、设备设施、物料等进行评估。选择工程技术措施、管理控制措施、个体防护措施等，对安全风险进行控制。同时制定安全风险变更管理制度，对变更过程可能产生的安全风险进行分析，制订控制措施，履行审批及验收程序，并告知和培训相关从业人员。

（2）重大危险源辨识与管理。企业应建立重大危险源管理制度，全面辨识重大危险源，对确认的重大危险源制定安全管理技术措施和应急预案；涉及危险化学品的企业应按照《危险化学品重大危险源辨识》（GB 18218—2018）的规定，进行重大危险源辨识和管理；应对重大危险源进行登记建档，设置重大危险源监控系统，进行日常监控，并按照有关规定向所在地安全生产监督管理部门备案。重大危险源安全监控系统应符合《危险化学品重大危险源安全监控通用技术规范》（AQ 3035—2010）的技术规定；含有重大危险源的企业应将监控中心（室）视频监控数据、安全监控系统状态数据和监测数据与有关安全监管部门监管系统联网。

（3）隐患排查治理。企业应建立隐患排查治理制度，逐级建立并落实从主要负责人到每位从业人员的隐患排查治理和防控责任制，并按照有关规定组织开展隐患排查治理工作，及时发现并消除隐患，实行隐患闭环管理。应根据隐患排查的结果，制订隐患治理方案，对隐患及时进行治理。隐患治理完成后，企业应按照有关规定对治理情况进行评估、验收。对于重大隐患，治理完成后企业应组织本企业的安全管理人员和有关技术人员进行验收或委托依法设立的为安全生产提供技术、管理服务的机构进行评估。应如实记录隐患排查治理情况，至少每月进行统计分析，及时将隐患排查治理情况向从业人员通报。

（4）预测预警。企业应根据生产经营状况、安全风险管理及隐患排查治理、事故等情况，运用定量或定性的安全生产预测预警技术，建立体现企业安全生产状况及发展趋势的安全生产预测预警体系。

（六）应急管理

（1）应急准备。企业应按照有关规定建立应急管理组织机构或指定专人负责应急管理工作，建立与本企业安全生产特点相适应的专（兼）职应急救援队伍。按照有关规定可以不单独建立应急救援队伍的，应指定兼职救援人员，并与邻近专业应急救援队伍签订应急救援服务协议。

应在开展安全风险评估和应急资源调查的基础上，建立生产安全事故应急预案体系，制订符合《生产经营单位生产安全事故应急预案编制导则》（GB/T 29639—2020）规定的生产安全事故应急预案，针对安全风险较大的重点场所（设施）制订现场处置方案，并编制重点岗位、人员应急处置卡。根据可能发生的事故种类特点，按照有关规定设置应急设施，配备应急装备，储备应急物资，建立管理台账，安排专人管理，并定期检查、维护、保养，确保其完好、可靠。按照《生产安全事故应急演练基本规范》（AQ/T 9007—2019）的规定定期组织公司（厂、矿）、车间（工段、区、队）、班组开展生产安全事故应急演练，做到一线从业人员参与应急演练全覆盖，并按照《生产安全事故应急演练评估规范》（AQ/T 9009—2015）的规定对演练进行总结和评估，根据评估结论和演练发现的问题，修订、完善应急预案，改进应急准备工作。

(2) 应急处置。发生事故后，企业应根据预案要求，立即启动应急响应程序，按照有关规定报告事故情况，并开展先期处置。

(3) 应急评估。企业应对应急准备、应急处置工作进行评估。矿山、金属冶炼等企业，生产、经营、运输、储存、使用危险物品或处置废弃危险物品的企业，应每年进行一次应急准备评估。

（七）事故管理

(1) 报告。企业应建立事故报告程序，明确事故内外部报告的责任人、时限、内容等，并教育、指导从业人员严格按照有关规定的程序报告发生的生产安全事故。企业应妥善保护事故现场以及相关证据。事故报告后出现新情况的，应当及时补报。

(2) 调查和处理。企业应建立内部事故调查和处理制度，按照有关规定、行业标准和国际通行做法，将造成人员伤亡（轻伤、重伤、死亡等人身伤害和急性中毒）和财产损失的事故纳入事故调查和处理范畴；发生事故后，应及时成立事故调查组，明确其职责与权限，进行事故调查。事故调查应查明事故发生的时间、经过、原因、波及范围、人员伤亡情况及直接经济损失等；事故调查组应根据有关证据、资料，分析事故的直接、间接原因和事故责任，提出应吸取的教训、整改措施和处理建议，编制事故调查报告；企业应开展事故范例警示教育活动，认真吸取事故教训,落实防范和整改措施,防止类似事故再次发生;企业应根据事故等级,积极配合有关人民政府开展事故调查。

(3)事故管理。企业应建立事故档案和管理台账,将承包商、供应商等相关方在企业内部发生的事故纳入本企业事故管理。企业应按照《企业职工伤亡事故分类》(GB 6441—86)、《事故伤害损失工作日标准》(GB/T 15499—1995)的有关规定和国家、行业确定的事故统计指标开展事故统计分析。

目前,正在进行的应急管理综合执法改革要求突出加强安全生产监管执法,体系建设、队伍建设、工作部署要突出安全生产监管执法这个关键。要配齐配强安全生产监管执法专业人员力量,依法依规对企业开展安全生产执法检查,严厉打击各类非法行为,推动企业建立安全生产管理和技术团队,督促企业严格落实安全生产主体责任。同时,发挥安全生产综合监督管理职能作用,对发现不属于应急管理部门监管执法权限的安全生产问题隐患,及时移交有关部门依法查处,推动"管行业必须管安全、管业务必须管安全、管生产经营必须管安全"的安全生产监管职责落实到位。严格落实安全生产考核巡查制度,推动地方各级党委和政府认真落实《地方党政领导干部安全生产责任制规定》。针对突出问题和隐患,深入分析深层次矛盾,及时依法依规进行处理。

二、安全生产宣传培训

安全生产宣传培训是安全生产监督管理部门及其行政执法人员以增强从业人员安全素质和提高全社会安全意识为目的,运用各种符号传播安全的观念以影响人们的思想、行动的公益行为和教育活动。中国特色社会主义进入新时代,但我国仍处于并将长期处于社会主义初级阶段的基本国情没有变,生产力水平还比较低。人是生产力中最具有决定性的力量和最活跃的因素,代表先进生产力的发展要求,要充分发挥人的作用就必须加强宣传和培训。从这个意义上讲,搞好安全宣传培训就是保护和发展先进生产力。

《中华人民共和国安全生产法》《生产经营单位安全培训规定》《安全生产培训管理办法》等国家安全生产法律法规、部门规章对安全生产宣传培训有具体要求,是安全生产宣传培训的主要内容。2012年11月国务院安全生产委员会发布《国务院安委会关于进一步加强安全培训工作的决定》，进一步明确了安全培训工作的总体思路和工作目标，提出了新形势下进一步加强安全培训工作的一系列政策措施，是指导"十二五"及相当一个时期全国安全培训工作的纲领性文件。2016年12月中共中央、国务院印发《意见》，将健全安全宣传教育体系纳入加强安全基础保障能力建设。安全生产宣传与培训通过潜移默化的方式，从意识形态领域强化了社会安全意识和抗事故风险能力，为国家实现安全生产治理体系和治理能力现代化提供了坚实的人文基础，为全民安全文明素质的全面提升提供了强大的思想动力。主要内容包括以下几个方面。

（1）开展政策法规宣传。深入贯彻落实《中华人民共和国安全生产法》等法律法规和《关于加强安全生产促进安全发展的实施意见》等规范文件的宣传，突出抓好"生产经营单位安全生产主体责任"等主题工作的宣传，利用车站站台、公交车身、广告牌、宣传屏幕、电视等传统宣传阵地，微信群、公众号、抖音等现代传播工具，适时开展危险化学品、有限空间、涉氨制冷、粉尘涉爆、安全用电等危险岗位和领域的宣传。有条件的地方可建设安全体验馆，作为安全宣传工作的永久基地。

（2）开展安全生产公益宣传。结合工作实际，以安全生产工作为主线，重点宣传安全生产综合治理、深化生产经营单位主体责任落实、高危行业"防火墙"、隐患排查治理、各类专项整治等重点工作。

（3）将安全生产监督管理纳入各级党政领导干部培训内容，同时把安全知识普及纳入国民教育，建立完善中小学安全教育和高危行业职业安全教育体系。

（4）把安全生产纳入农民工技能培训内容，严格落实生产经营单位安全教育培训制度，切实做到先培训、后上岗。安全培训工作强调系统性和形式多样性，要结合重点工作，开展深化生产经营单位主体责任落实、高危行业"防火墙"、隐患排查治理、各类专项整治等重点工作的专题培训。现代社会中，各类网络平台兴起，除了依托传统的职业安全培训学校，生产经营单位内部安全培训的方式也应多样化，可以更好地利用碎片化时间对从业人员进行安全培训。

（5）推进安全文化建设，加强警示教育，强化全民安全意识和法治意识。加大安全生产科普宣传力度，以"不同人群，不同宣传"的方式，制作通俗易懂的安全漫画、安全手册、科普微视频等安全文化产品，对生产经营单位负责人、安全管理人员、特种作业人员等各类员工普及安全防范常识。围绕近年来事故范例，制作安全教育警示片，在辖区各社区、各企业，通过电视、短视频、微信群、抖音等现代传播手段，在各场所和时间段不定时播放，做好警示教育。以血的教训，惨痛的事实，唤醒社会对安全的重视，强化全民安全意识和法治意识。

（6）发挥工会、共青团、妇女联合会等群团组织作用，依法维护职工群众的知情权、参与权与监督权。加强安全生产公益宣传和舆论监督。建立"12350"安全生产专线与社会公共管理平台统一接报、分类处置的举报投诉机制。鼓励开展安全生产志愿服务和发展安全生产慈善事业。加强安全生产国际交流合作，共同努力提高全球安全生产和职业健康水平。

（7）加强岁末年初等关键节点的安全生产宣传工作。岁末年初，正是大部分生产经营单位总结和休假的时间，也是大部分生产经营单位停工、复工，进行维修、清理、调试等危险作业操作的关键节点。充分利用这个关键时段，加强安全生产宣传工作，可以带动全年安全生产工作开好头，起到事半功倍的作用。如利用"安全第一课""安全七进活动"等系统性宣传活动，扎实开展相关工作，久久为功，可以起到明显的效果。

三、安全生产经济调控

安全生产经济调控是政府部门运用经济手段影响和管理安全生产，通过资金投入、引导、调节等方式，达到对地方安全生产进行间接监管的目的。人类的安全水平很大程度上取决于经济水平，经济问题是安全问题的重要根源之一。安全离不开经济的支撑，经济活动贯穿于生产经营及安全科学技术活动全过程。通过经济调控可以对安全生产活动进行合理组织、控制和调整，达到人、技术、环境的最佳安全效益。强化安全生产监管工作，应当按照市场经济规律的要求，从企业本质上是要从市场上获取利润这一根源上解决安全生产问题。实施经济调控需要有国家政策作为支撑，政府部门大力引导，具有间接性、流畅性、灵活性的特点。安全生产监管是一种行政行为，政府对企业进行安全生产监管的主要任务在于减少负面影响,将大量的工伤事故外溢成本内化为企业的成本,促进其努力提升安全管理水平,从经济的角度约束和激励企业,使其全面提高安全生产的原动力,真正建立起"预防为主,持续改进"的安全生产自我管理机制。《中华人民共和国安全生产法》《工伤保险条例》《关于加强企业安全生产诚信体系建设的指导意见》等法律法规、部门规章的相关规定是安全生产市场和经济调控的主要内容,包括以下几个方面。

(1) 完善安全投入长效机制。加强中央和地方财政安全生产预防及应急相关资金使用管理,加大安全生产与职业健康投入,强化审计监督。加强安全生产经济政策研究,完善安全生产专用设备企业所得税优惠目录。根据《企业安全生产费用提取和使用管理办法》,落实企业安全生产费用提取管理使用制度,建立企业增加安全投入的激励约束机制。健全投融资服务体系,引导企业集聚发展灾害防治、预测预警、检测监控、个体防护、应急处置、安全文化等技术、装备和服务产业。

(2) 建立安全科技支撑体系。优化整合国家科技计划,统筹支持安全生产和职业健康领域科研项目,加强研发基地和博士后科研工作站建设。开展事故预防理论研究和关键技术装备研发,加快成果转化和推广应用。推动工业机器人、智能装备在危险工序和环节的广泛应用。提升现代信息技术与安全生产融合度,统一标准规范,加快安全生产信息化建设,构建安全生产与职业健康信息化全国"一张网"。加强安全生产理论和政策研究,运用大数据技术开展安全生产规律性、关联性特征分析,提高安全生产决策科学化水平。

(3) 健全社会化服务体系。将安全生产专业技术服务纳入现代服务业发展规划,培育多元化服务主体。建立政府购买安全生产服务制度,支持发展安全生产专业化行业组织,强化自治自律。完善注册安全工程师制度,完善安全生产和职业健康技术服务机构资质管理办法,支持相关机构开展安全生产和职业健康一体化评价等技术服务,严格实施评价公开制度,进一步激活和规范专业技术服务市场。鼓励中小微企业订单式、协作式购买安全生产管理和技术服务。建立安全生产和职业健康技术服务机构公示制度和由第三方实施的信用评定制度,严肃查处租借资质、违法挂靠、弄虚作假、垄断收费等各类违法违规行为。

（4）发挥市场机制推动作用。要积极构建约束性和激励性市场安全生产制度。约束性市场安全生产制度，包括建立健全安全生产责任保险制度，其在矿山、危险化学品、烟花爆竹、交通运输、建筑施工、民用爆炸物品、金属冶炼、渔业生产等高危行业领域强制实施，切实发挥保险机构参与风险评估管控和事故预防功能。2021年修订的《中华人民共和国安全生产法》确定了安全生产责任保险制度，该制度既能保障事故发生后必需经费，又能提高高危行业企业门槛，增加企业安全投入；完善工伤保险制度，加快制定工伤预防费用的提取比例、使用和管理办法，可考虑扩大工伤保险费率的浮动范围；通过立法，显著提高事故赔偿标准和加大事故处罚力度，要以生命经济价值理论为重要依据，考虑经济社会发展水平，重新设计企业事故赔偿基准，以安全立法的方式显著提高因工死亡人员遗属和伤残人员的赔偿抚恤金，同时严厉处罚事故责任单位，提高企业的违规成本；积极推进安全生产诚信体系建设，实施企业安全生产不良记录"黑名单"和联合惩戒制度，建立失信惩戒和守信激励机制，在企业评优、贷款、用地、保险等多方面发挥导向作用。激励性市场安全生产制度是将政府监管看作一个委托和代理的关系，是在信息不对称的情况下，对监管者与被监管者之间安全生产激励的框架进行设计，本质上是给予企业一定的自由裁决权，促进企业加大安全投入，保障工人安全生产与职业健康，使得企业接近社会福利最大化。它主要包括：设置安全生产奖励基金，建立有效的安全绩效评价体系，用奖励基金对安全生产绩效评价优良的企业给予一定的奖励，对实施安全生产技术改造项目的企业提供贴息贷款等；构建企业安全服务体系，政府须提供必要的财政补贴，通过建立或资助中介机构、给予中介机构优惠政策等多种形式，以引导、带动、组织社会资源按市场化运行机制，为企业提供优惠、高质、综合性的安全生产事务专业服务；完善企业安全投入资金扶持政策，解决企业普遍存在的安全投入的融资问题。政府可建立专门的中小企业银行，为中小企业设立专项优惠或政府贴息贷款，增加中小企业安全投入，补全安全欠账，从多途径建立中小企业发展的资金扶持政策。

站在新征程起点上的应急管理部门应具备创新意识和创新能力，在安全监管内容上应该更加丰富与完善。

第四节　安全生产监管方法适用原则

安全生产监管方法适用原则是指安全生产监督管理部门及其行政执法人员，在制定和执行安全生产监管方法时必须遵守的行为规则，必须贯穿于安全生产行政执法活动的始终。安全生产监管方法的制定和实施既然是国家行政行为，就必须符合行政行为的一般原则性规定。

一、合法原则

合法原则又称依法行政原则，是指行政权力的存在、运用必须依据法规范、符合法规范，不得与法规范相抵触。在现代法治社会里，行政主体必须在法律规定的职权范围内活动，非经法律授权不得行使某项职权，尤其是在涉及剥夺公民权利、赋予公民义务的时候，必须要有法律的明确规定。所谓职权法定，就是指任何行政职权的来源与作用都必须具有明确的法定依据，否则越权无效，要受到法律追究，承担法律责任。合法原则运用到安全生产监管方法的制定和实施过程中，具体要求符合以下几点。

（1）安全生产监管方法制定主体必须符合法定要求，必须是全国人民代表大会或其常设机构、国务院和县级以上地方各级人民政府根据法定程序作出的法律法规等规范性文件。安全生产监管方法的制定过程须有法定依据，符合法定程序。也就是说安全生产监管方法制定必须依法进行，否则制定出的安全生产监管方法无法律效力，无法适用。

（2）安全生产监管方法实施主体是依法履行安全生产监督管理职责的政府部门和依法接受委托的乡、镇人民政府以及街道办事处、开发区管理机构等地方各级人民政府的派出机构。安全生产监管方法实施必须有法定依据，符合法定程序，且必须在法定的职权范围内行使行政执法职责，不得越权行政，否则是违法行政行为。

（3）安全生产监管方法的适用应严格执行，违法行使行政职权应当承担法律责任，即权责统一。安全生产监管方法的实施是十分慎重和严肃的行政行为，涉及地方成千上万家生产经营单位的生产经营活动和人民群众生命财产安全,行政主体必须依法行使安全生产监管行政职权。如果违法行使职权,作出行政行为,侵犯了公民、法人和其他组织的合法权益,应当承担相应的法律责任,公民、法人和其他组织有权依法取得行政救济。

(4)作为执法客体的生产经营单位违反安全生产监管规定应该受到追究,承担相应的法律责任。做到违法必究是保证合法原则全面贯彻不可少的一部分,其中包括安全生产监管方法的实施过程。

安全生产监管方法实施必须有法律依据,依法行使安全生产监管行政权力,运用安全生产监管方法追究安全生产违法行为是合法原则在安全生产监管方法适用过程中的关键。

二、合理原则

合理原则包含从内容方面要求对行政裁量保持均衡,要求行政主体在选择作出何种内容的行政行为时应权衡各种利益关系,体现法的实质正义;从程序方面要求对行政裁量进行控制,保证公开,行政权力的运行必须符合最低限度的程序标准。运用于安全生产监管方法的适用,要求作出的安全生产监管方法内容要客观、正当、公正,实施程序上要公平和公开。

(1)安全生产监管方法的内容要均衡。具体而言,即要求行政主体在实施行政裁量时应全面权衡各种利益关系,以作出最佳的选择判断。运用于安全生产监管,要求监管方法内容要客观,做到安全生产监管方法的制定要与地方安全生产状况的实际情况相符合,制定的动因要符合安全生产行政管理的目的,不能追求法定目的以外的目的,绝不能虚构安全生产环境和任意作为;安全生产监管方法的制定要正当,应当建立在预防和减少事故发生的基础上,绝不能以创新安全生产监管方法的名义假公济私,以权谋私,更不能知法犯法,徇私枉法,搞权钱交易;安全生产监管方法的制定应符合社会公正的要求,即要求实施安全生产监管方法的主体在实施执法活动时,对人对事应该做到同等条件同等对待,一视同仁,不偏不倚,客观公正。

(2)安全生产监管方法实施程序要公平和公开。公平就要求对作为安全生产执法对象的生产经营单位都要一视同仁,不能搞区别对待和特殊存在。公开就要求安全生产监管方法实施过程做到安全生产监管方法制定和实施的程序、根据、结果，除法律法规规定不宜公开或须保密以外一律公开。安全生产监督管理部门在作出影响安全生产行政相对人权利与义务的决定之前或者之后，应将有关事项告知相对人；正式作出对安全生产行政相对人利益有影响的决定之前，应给予安全生产行政相对人陈述和争辩的机会，充分听取相对人的意见，确保当事人的合法权益得到保护。

合理原则要求安全生产监管方法符合情理，必须考虑到不与法律相冲突，符合客观规律、社会道德、惯例和常理，以防止和减少生产安全事故，保障人民群众生命和财产安全，将促进经济社会持续健康发展作为唯一目标。

三、统一原则

统一原则是指安全生产监管方法的制定必须上下协调，实施过程必须保持一致。在我国实行的多层次的立法体制基础上，地方有法律赋予的立法权，但区域性的安全生产监管立法要遵守上位法，不能与上位立法相抵触，具体表现为以下几点。

（1）安全生产行政法律规范之间必须统一、协调，低层次的安全生产行政法律文件不得与高层次的安全生产法律文件相抵触。在安全生产行政执法中，有高层次安全生产法律文件规定的行为，应依据高层次安全生产管理法律文件执行，而不应依据低层次安全生产管理法律文件执行。

（2）安全生产监管方法制定和实施的行政权力必须依法统一行使。中央与地方、上级与下级之间必须在法律规定的前提下，具有高效、有序、协调的机制，以保证安全生产行政权的统一行使。

（3）安全生产执法行为必须统一与协调。应急管理机构及行政执法人员，在行使安全生产行政职权中，前后的安全生产行政行为应该协调衔接，上级与下级之间的安全生产行政行为必须统一。不允许上下脱节，政出多门，谋取特殊利益，甚至以局部利益损害国家利益。

四、效能原则

效能是指投入与产出或者消耗与结果之间的比例关系，安全生产监管效能表现为安全生产监督管理部门及其行政执法人员完成监管任务的数量、速度、质量之间的比例关系。安全生产监管方法的制定与创新是提高监管效能的目的之一。贯彻安全生产监管方法效能原则必须做到以下三个方面：①方法科学，办事精简；②遵守时效，按章办事；③提高效率，确保质量。

五、地域原则

普遍适用的安全监管方法体现在全国人民代表大会、国务院、各部委颁布的法律法规及部门规章层面，全国适用，具有普遍约束力。同时，我国各省（区、市）均有相应的立法权，可以制定地方性法规和规章，并可灵活制定行政规范性文件。安全生产监管受产业、地域、经济条件等多种因素的影响，具有一定的地域专用性，特定行政区域适用的法规及规范性文件，只能在本行政区域内适用；在一些地方被认为是成功的监管，在另一地方不一定适用。因此，任何地方都不能简单照搬某一监管模式，这也是研究地方安全生产监管方法的初衷。

安全监管的地域性是普遍性和特殊性的统一，在运用国家法律法规的同时，充分利用国家赋予的地方立法权，将适合地方的监管方法通过立法形式予以明确。积极发挥地域优势，如果运用得当，可起到很好的效果。

在安全生产监管实践中，我们要坚持原则性和灵活性相结合。从目前安全生产监管的实践来看，行政主体往往对以上两种原则运用得不够好，从而暴露出许多深层次的问题，如安全生产监管内容广泛，但目前监管理念陈旧，针对性不强，往往局限于经济发展的效率和效能，而未能上升到社会治理和社会和谐层面；安全生产监管体制缺乏权威性，特别是在落实行业监管的职责方面，往往停留在部门业务科室，未能上升到整个部门层面；面对重特大安全事故发生后地方安全生产面临的困境，需要进行机制调整时，往往局限于应急性和临时性的仓促安排，未能上升到建立权威性的长效机制层面；在适用相关安全生产法律法规时，又过分强调权威性，缺乏创新性；政府决策上，安全生产监管又存在随意性，缺乏权威性。凡此等等，都极大地影响到监管能力，导致监管效率和监管质量低下。

2018年3月,我国组建应急管理部,安全生产监督管理职能已整合其中。新的部门积极适应新体制、新要求,以创新的思路和办法、有力的举措奋力破解安全生产难题,实现了新时代应急管理工作的良好开局。

第二章 安全生产管理理论

安全生产管理理论是安全生产监管方法的基础，安全生产监管方法的制定和实施要符合安全生产管理理论，遵循安全生产管理科学规律。安全生产管理主体是由社会、政府、组织、企业、个人组成的，现阶段人类社会侧重于企业安全生产管理的研究，对政府部门的安全生产监管研究还有待深入。现代安全生产管理理论为安全生产监管提供了强大的理论支撑，大部分理论可以直接适用，在已制定的现代安全生产监管方法中，均可以找到安全生产管理理论的"影子"。

第一节 安全生产管理学基础理论概述

安全生产管理学建立在管理学和安全学的基础上，安全生产管理应遵循管理学和安全学的普遍规律，服从其基本原理。安全生产管理学就是以事故为研究对象，通过了解事故的原因及其发展规律，研究管理者经济、有效地运用和组织各种资源，通过计划、组织、指挥、协调和控制等一系列管理行为，掌握预防和减少事故方法的学科。从安全生产管理学的视野和需要来辨识和梳理管理学和安全学相关理论，其中事故致因理论是其重要的理论基础。

一、事故致因理论

事故致因理论是安全生产管理学重要的理论基础，尽管事故致因理论不是安全生产管理学的核心内容，但是在安全生产监管中该理论对认识事故发生的各种原因及预防措施的作用顺序和位置，以及诸要素互相影响与事故发生的关系进行了研究和确认，为安全生产监管提供了事故预防方面的策略。该理论的核心思想是伤亡事故的发生不是一件孤立的事件，而是一系列原因事件相继发生的结果，即伤害与各原因相互之间具有因果连锁关系。事故致因理论大体来说包括三个主要内容：第一是事故致因链，把事故及其后果与事故的直接、间接、根本、根源原因连接成一个链条，使人们能够看清楚事故发生的原因及预防措施的作用顺序和位置，以及它们的相互影响，是事故预防的基本理论；第二是事故归因论，将事故原因进行具体分类，是制定事故预防策略的理论基础；第三是安全累积原理，建立事故发生的次数和严重度之间的关系，是重大事故预防的基本理论途径。

（一）事故致因链的发展大体可以分为古典事故致因链、近代事故致因链和现代事故致因链三个阶段

1. 古典事故致因链

从1919年格林伍德和伍兹提出事故易发倾向理论开始，到1972年威格斯沃斯提出事故的教育模型为止，在这期间人们提出了很多事故致因链，它们共同的特点是分析和描述事故致因时基本上只从事故引发者的个人特质或者引发事故的直接物理原因层面进行，而不涉及这些原因的广泛影响因素。人类进入工业化时代后，人们的工作方式发生了重大改变，从家庭作坊式的手工劳动转变为以工厂为典型组织形式的社会化生产，工人受伤事故频发，必然会产生工伤补偿问题。此后，人们提出了很多作为事故预防指导的事故致因学说，但具有较大科学价值的事故致因与事故预防学说最早是海因里希提出的，他做了大量的事故统计后得到的事故致因与事故预防学说至今仍然有较大的应用价值。

（1）海因里希提出的事故因果连锁理论。它包括遗传及社会环境（M）、人的缺点或失误（P）、人的不安全行为和物的不安全状态（H）、事故（D）、伤害（A）五种因素。这五种因素 M—P—H—D—A 构成了事故因果连锁关系，可以用五块多米诺骨牌形象地加以描述。如果第一块骨牌倒下（即第一个因素 M 出现），则会发生连锁反应，后面的骨牌相继被碰倒，即骨牌代表的事件相继发生；如果移去因果连锁中的任一块骨牌，则连锁被破坏，事故过程被中止。海因里希认为，企业安全工作的中心就是要移去中间的骨牌——防止人的不安全行为或消除物的不安全状态，从而中断事故连锁的进程，避免伤害的发生。但海因里希的

事故因果连锁理论毕竟是 20 世纪 30 年代提出的理论，有明显的不足之处，对事故致因连锁关系的描述过于绝对和简单。事实上，事故灾难往往是多链条因素交叉综合作用的结果，各个骨牌（因素）之间的连锁关系是复杂的、随机的。前面的骨牌倒下，后面的骨牌可能倒下，也可能不倒下。事故并不是全都造成伤害，人的不安全行为和物的不安全状态也并不是必然造成事故的。尽管如此，海因里希"直观化"的事故因果连锁理论关注了事故形成中的人与物，开创了事故系统观的先河，促进了事故致因理论的发展，成为事故研究科学化的先导，具有重要的历史地位。

（2）博德等提出的事故因果连锁理论。博德在海因里希事故因果连锁理论的基础上将事故因果连锁过程区分为管理缺陷、工作因素、直接原因、事故、损失五种因素，提出了与现代安全观点更加吻合的事故因果连锁理论。亚当斯提出了一种与博德提出的事故因果连锁理论相类似的因果连锁理论。在该理论中，事故和损失因素与博德提出的事故因果连锁理论相似，把人的不安全行为和物的不安全状态称为现场失误，其目的在于提醒人们注意不安全行为和不安全状态的性质，其核心在于对现场失误的背后原因进行深入研究，即操作者的不安全行为及生产作业中的不安全状态等现场失误是由企业领导和安全技术人员的管理失误造成的，管理失误又是由企业管理体系中的问题所导致的。这些问题包括如何有组织地进行管理、确定怎样的管理目标等。管理体系反映了作为决策中心的领导人的信念及目标，它决定各级管理人员安排工作的轻重缓急、工作基准及指导方针等重大问题。

（3）北川彻三提出的事故因果连锁理论。该理论没有将考查的范围局限于企业内部，实际上工业伤害事故的发生是一个复杂的连锁反应，国家或地区的政治、经济、文化、教育、科技发展水平等诸多社会因素对伤害事故的发生和预防都有着重要的影响。北川彻三正是基于这种考虑，对海因里希的理论进行了一定修正，在北川彻三提出的事故因果连锁理论中，基本原因中的各个因素，已经超出了企业安全工作的范围，考虑了导致事故发生的社会因素。充分认识这些因素，对综合利用相关的科学技术和管理手段改善间接原因，从而达到预防伤害事故发生的目的是十分重要的。

2. 近代事故致因链

近代事故致因链研究大约始于20世纪70年代威格斯沃斯的教育模型，至20世纪80年代形成和发展，并逐步形成比较稳定的认识，期间也有数个事故致因链被提出，其共同特点是将教育、管理因素作为事故的根本原因引入了事故致因链，但未能将管理因素具体化，人们不知道管理因素是哪些因素，从而导致在管理实践中难以操作。

3. 现代事故致因链

现代事故致因链主要是把近代事故致因链中的管理因素具体化为几类因素，并具体阐明基本原因，为事故预防实践操作提供了较好的途径，但还不完善。

中国学者傅贵教授及其研究团队对已有的事故致因链理论做了较多研究，提出了另一个事故致因链——行为安全"2—4"模型。该模型提出事故致因链中事故的直接原因仍然是海因里希提出的事故引发者的不安全动作和物的不安全状态，但是把斯图尔特事故致因链中的事故的间接原因通过大量的范例分析后具体化为事故引发者的安全知识不足、安全意识不强和安全习惯不佳；把事故的根本原因具体化为事故引发者所在组织的安全管理体系缺欠；把事故的根源原因具体化为事故引发者所在组织的安全文化欠缺。

事故的发生是组织和个人两个层面上的指导、运行、习惯性、一次性四个阶段的行为发展的结果，因此该模型叫做行为安全"2—4"模型。模型的各个组成部分与海因里希的骨牌理论是对应的，容易观察。引起事故的间接原因、根本原因、根源原因都很具体，并建立了事故的根本原因与安全管理体系、根源原因与安全文化之间的对等关系，使人们看到了管理体系、安全文化的具体作用。模型建立了个人行为（安全知识、安全意识、安全习惯以及由它们产生的个人不安全动作）和组织行为（安全管理体系）之间的关系。由此可以看出，事故的根本原因在于组织错误。这与人们一般认同的"二八定律"相吻合，即组织主宰事故的发生与否因素占80%，而个人的控制能力只占20%。模型表达了行为安全方法的有效性，给出了事故分析方法路线、事故分析结果、事故责任划分和事故预防的具体方法。

（二）事故归因论

事故归因论是对事故的原因进行分类，为事故预防具体策略的制定提供理论基础。海因里希在其古典事故致因链中，把事故的直接原因归结为人的不安全动作和物的不安全状态。他提出事故致因链后，对这两个原因进行了研究。他在统计分析了美国7.5万起伤害事故的原因后得到了重要结论：88%的事故是由人的不安全动作引起的，10%的事故是由物的不安全状态引起的，另外2%的事故因随机性太强而不易归类。对上述分类方法进行简单归纳就是"二八定律"。后来人们将上述重要结论称为事故归因论，它表明预防事故必须采取综合策略，既要解决人的动作问题，也需要工程技术策略解决物的问题。应该指出，海因里希在提出"二八定律"时，并没有阐述员工个人的不安全动作与其所在组织的安全管理体系和组织安全文化之间的关系，所以被工会组织反对。这是海因里希没有从整体上全面阐述事故原因，没有阐述事故原因的体系运行、文化指导等根源性原因所引起的负面问题。但"海因里希的事故致因链中主要直接原因是人的不安全动作，次要直接原因是物的不安全状态"这一重要结论在实证研究中得到了比较充分的验证。

关于事故的原因也有其他理论，如事故是由人的不安全动作、物的不安全行为、环境的不安全状态引起的，即"人—机—环"理论。其中"机"是指生产工具或劳动对象，"环"是指环境设施。还有类似的"人—机—料—法—环"学说，其中"料"是指生产材料，"法"是指法规规定。还有学者认为，安全事故是由社会、心理等原因造成的，所以预防事故是"系统"工程，但事故归因论之"二八定律"已被广泛接受。

（三）安全累积原理

安全累积原理是研究损失量不同即严重程度不同的事故类别之间的关系，它揭示了"大"事故的发生原因，所以它也是事故致因理论的一个重要组成部分，为重大事故预防提供了重要理论基础。一般事故也称无伤害事故，是指人身没有受到伤害或只受微伤的未遂事故。而伤亡事故寓于一般事故中，要消灭伤亡事故，必须先消灭或控制一般事故。海因里希早在20世纪30年代就研究了事故发生频率与事故后果严重程度的关系。他统计了55万起机械事故，其中死亡、重伤事故1666件，轻伤48 314件，其余为无伤害事故。从而得出一个重要结论，即在机械事故中，死亡和重伤、轻伤、无伤害事故的比例为1∶29∶300，这就是著名的海因里希法则。这个法则说明，在机械生产过程中，每发生330起意外事件，有300起未产生人员伤害，29起造成人员轻伤，1起导致人员重伤或死亡。对于不同的生产过程、不同类型的事故，上述比例关系不一定完全相同，但这个规律说明了在进行同一项活动中，无数次意外事件，必然导致重大伤亡事故的发生。而要防止重大事故的发生必须减少和消除无伤害事故，要重视事故的苗头和未遂事故，否则终会酿成大祸。海因里希法则反映了事故发生频率与事故后果严重程度之间的一般规律，即事故发生后带来严重伤害的情况是很少的，造成轻微伤害的情况稍多，而事故后无伤害的情况是大量的。

根据安全累积原理，要预防重大事故，遏制重特大事故，必须从细节管理开始，严格控制轻微事故的发生并去除不正常现象，绝对不能对日常的轻微不安全现象采取无所谓的态度。

二、能量意外释放理论

能量意外释放理论揭示了事故发生的物理本质，为人们设计及采取安全技术措施提供了理论依据。

（一）能量意外释放理论概述

1961年，吉布森提出事故是一种不正常的或不希望的能量释放，意外释放的各种形式的能量是构成伤害的直接原因。因此，应该通过控制能量，或控制作为能量达及人体媒介的能量载体来预防伤害事故。1966年，在吉布森的研究基础上，哈登完善了能量意外释放理论。他认为"人受伤害的原因只能是某种能量的转移"，并提出了能量逆流于人体造成伤害的分类方法，将伤害分为两类：第一类伤害是由施加了局部或全身性损伤阈值的能量引起的；第二类伤害是由影响了局部或全身性能量交换引起的，主要指中毒、窒息和冻伤。哈登认为，在一定条件下某种形式的能量能否产生伤害进而造成人员伤亡事故，取决于能量大小、接触能量时间长短、频率以及力的集中程度。根据能量意外释放理论，可以利用各种屏蔽来防止意外的能量转移，从而防止事故的发生。

（二）事故致因及其表现形式

（1）事故致因。能量在生产过程中是不可缺少的，人类利用能量做功以实现生产目的。在正常生产过程中，能量受到种种约束和限制，按照人们的意志流动、转换和做功。如果由于某种原因，能量失去了控制，超越了人们设置的约束或限制而意外地逸出或释放，必然造成事故。如果失去控制的、意外释放的能量达及人体，并且能量的作用超过了人们的承受能力，人体必将受到伤害。根据能量意外释放理论，伤害事故原因包括接触了超过机体组织（或结构）抵抗力的某种形式的过量的能量，机体与周围环境的正常能量交换受到了干扰（如窒息、淹溺等）两种情况。因而，各种形式的能量是构成伤害的直接原因。同时，可通过控制能量，或控制触及人体媒介的能量载体来预防伤害事故。

（2）能量转移造成事故的表现。机械能、电能、热能、化学能、电离及非电离辐射声能和生物能等形式的能量，都可能导致人员伤害。其中前四种形式的能量引起的伤害最为常见。意外释放的机械能是造成工业伤害事故的主要能量形式。处于高处的人员或物体具有较高的势能，当人员具有的势能意外释放时，将发生坠落或跌落事故。当物体具有的势能意外释放时，将发生物体打击等事故。除了势能外，动能是另一种形式的机械能，各种运输车辆和各种机械设备的运动部分都具有较大的动能，工作人员一旦与之接触，将发生车辆伤害或机械伤害事故。研究表明，人体对每一种形式能量的作用都有一定的抵抗能力，或者说有一定的伤害阈值。当人体与某种形式的能量接触时，能否产生伤害及伤害的严重程度如何，主要取决于作用于人体的能量的大小。作用于人体的能量越大，造成严重伤害的可能性越大。

（三）事故防范对策

从能量意外释放理论出发，预防伤害事故就是防止能量或危险物质的意外释放，防止人体与过量的能量或危险物质接触。哈登认为，预防能量转移于人体的安全措施可用屏蔽防护系统。约束限制能量，防止人体与能量接触的措施称为屏蔽，这是一种广义的屏蔽。同时，他指出，屏蔽设置得越早,效果越好。按能量大小可建立单一屏蔽或多重的冗余屏蔽。在工业生产中经常采用的防止能量意外释放的屏蔽措施主要有下列十一种。

(1) 用安全的能源代替不安全的能源。例如,在容易发生触电的作业场所,用压缩空气动力代替电力,可以防止触电事故发生;用水力采煤代替火药爆破等。应该看到,绝对安全的事物是没有的,以压缩空气为动力虽然避免了触电事故,但是压缩空气管路破裂、脱落的软管抽打等带来了新的危害。

(2) 限制能量。限制能量的大小,规定安全极限量,在生产工艺中尽量采用低能量的工艺或设备。这样即使发生了意外的能量释放,也不致发生严重伤害。例如,利用低电压设备防止电击,限制设备运转速度以防止机械伤害,限制露天爆破装药量以防止个别飞石伤人等。

(3) 防止能量蓄积。能量的大量蓄积会导致能量突然释放,因此,要及时泄放多余能量,防止能量蓄积。例如,应用低高度位能,控制爆炸性气体浓度,通过接地消除静电蓄积,利用避雷针放电保护重要设施等。

(4) 控制能量释放。例如,建立水闸墙防止高势能地下水突然涌出。

(5) 延缓释放能量。缓慢地释放能量可以降低单位时间内释放的能量,减轻能量对人体的作用。例如,采用安全阀、逸出阀控制高压气体;采用全面崩落法管理煤巷顶板,控制地压;用各种减振装置吸收冲击能量,防止人员受到伤害;等等。

(6) 开辟释放能量的渠道。例如,安全接地可以防止触电,在矿山探放水可以防止透水,抽放煤层内瓦斯可以防止瓦斯蓄积爆炸等。

(7) 设置屏蔽设施。屏蔽设施是一些防止人员与能量接触的物理实体,即狭义的屏蔽。屏蔽设施可以被设置在能源上,如安装在机械转动部分外面的防护罩;也可以被设置在人员与能源之间,如安全围栏等。人员佩戴的个体防护用品,可看作是设置在人员身上的屏蔽设施。

(8) 在人、物与能源之间设置屏障,在时间或空间上把能量与人隔离。在生产过程中有两种或两种以上的能量相互作用引起事故的情况。例如,一台吊车移动的机械能作用于化工装置,使化工装置破裂,有毒物质泄漏,引起人员中毒。针对两种能量相互作用的情况,应该考虑设置两组屏蔽设施：一组设置于两种能量之间，防止能量间的相互作用；另一组设置于能量与人之间，防止能量达及人体，如设置防火门、防火密闭等。

（9）提高防护标准。例如，采用双重绝缘工具防止高压电能触电事故，对瓦斯连续监测和遥控遥测以增强对伤害的抵抗能力，用耐高温、耐高寒、高强度材料制作个体防护用具等。

（10）改变工艺流程。如改变不安全流程为安全流程，用无毒少毒物质代替剧毒有害物质等。

（11）修复或急救。治疗、矫正以减轻伤害程度或恢复原有功能；做好紧急救护工作，进行自救教育；限制灾害范围，防止事态扩大等。

三、轨迹交叉理论

（一）轨迹交叉理论的提出

随着生产技术的提高以及事故致因理论的发展完善，人们对人和物两种因素在事故致因中地位的认识发生了很大变化。一方面是在生产技术进步的同时，生产装置、生产条件不安全的问题越来越引起人们的重视；另一方面是人们对人的因素研究的深入，能够正确地划分人的不安全行为和物的不安全状态。约翰逊认为，判断到底是不安全行为还是不安全状态，受研究者主观因素的影响，取决于他认识问题的深刻程度，许多人由于缺乏有关失误方面的知识，把由人失误造成的不安全状态看作不安全行为。一起伤亡事故的发生，除了人的不安全行为之外，一定还存在着某种不安全状态，并且不安全状态对事故的发生作用更大些。斯奇巴提出，生产操作人员与机械设备两种因素都对事故的发生有影响，并且机械设备的危险状态对事故的发生作用更大些，只有当两种因素同时出现，才能发生事故。

上述理论被称为轨迹交叉理论，该理论的主要观点是：在事故发展进程中，人的因素运动轨迹与物的因素运动轨迹的交点就是事故发生的时间和空间，即人的不安全行为和物的不安全状态发生于同一时间、同一空间，或者说人的不安全行为与物的不安全状态相遇，则将在此时间、空间发生事故。该理论作为一种事故致因理论，强调人的因素和物的因素在事故致因中占有同样重要的地位。按照该理论，可以通过避免人与物两种因素运动轨迹交叉，即避免人的不安全行为和物的不安全状态同时、同地出现，来预防事故的发生。

（二）轨迹交叉理论作用原理

轨迹交叉理论将事故的发生发展过程描述为基本原因→间接原因→直接原因→事故→伤害。从事故发展运动的角度来看，这样的过程被形容为事故致因因素导致事故的运动轨迹，具体包括人的因素运动轨迹和物的因素运动轨迹。

（1）人的因素运动轨迹。人的不安全行为基于生理、心理、环境、行为等方面而产生，包括：

①生理、先天身心缺陷；

②社会环境、企业管理上的缺陷；

③后天的心理缺陷；

④视、听、嗅、味、触等感官能量分配上的差异；

⑤行为失误。

（2）物的因素运动轨迹。在物的因素运动轨迹中，在生产过程各阶段都可能产生不安全状态，包括：

①设计上的缺陷，如用材不当、强度计算错误、结构完整性差、采矿方法不适应矿床围岩性质等；

②制造、工艺流程上的缺陷；

③维修保养上的缺陷；

④使用上的缺陷；

⑤作业场所环境上的缺陷。

值得注意的是，许多情况下人与物又互为因果。例如，有时物的不安全状态诱发了人的不安全行为，而人的不安全行为又促进了物的不安全状态的发展，或导致新的不安全状态出现。因而，实际的事故并非简单地按照上述的人、物两条轨迹进行，而是呈现非常复杂的因果关系。

若设法排除机械设备或处理危险物质过程中的隐患，或者消除人为失误和不安全行为，使两事件链连锁中断，则两条运动轨迹不能相交，危险就不会出现，就可避免事故发生。轨迹交叉理论突出强调的是砍断物的事件链，提倡采用可靠性高、结构完整性强的系统和设备，大力推广保险系统、防护系统和信号系统及高度自动化、遥控装置。

一些管理人员总是错误地把一切伤亡事故归咎于操作人员违章作业。实际上人的不安全行为也是由教育培训不足等管理欠缺造成的。管理的重点应放在控制物的不安全状态上，即消除起因物，这样就不会出现施害物，砍断物的因素运动轨迹，使人与物的轨迹不相交叉，事故即可避免。实践证明，消除生产作业中物的不安全状态，可以大幅度地减少伤亡事故的发生。

四、系统安全理论

（一）系统安全理论的含义

系统安全是指在系统寿命周期内应用系统安全管理及系统安全工程原理，识别危险源并使其危险性减至最小，从而使系统在规定的性能、时间和成本范围内达到最佳的安全程度。系统安全的基本原则是在一个新系统的构思阶段就必须考虑其安全性的问题，制定并开始执行安全工作规划——系统安全活动，并且把系统安全活动贯穿于系统寿命周期，直到系统报废为止。

（二）系统安全理论的主要观点

系统安全理论包括很多区别于传统安全理论的创新概念，主要特点如下。

（1）在事故致因理论方面，改变了人们只注重操作人员的不安全行为，而忽略硬件的故障在事故致因中作用的传统观念，开始考虑如何通过改善物的系统的可靠性来提高复杂系统的安全性，从而避免事故。

（2）没有任何一种事物是绝对安全的，任何事物中都潜伏着危险因素。通常所说的安全或危险只不过是一种主观的判断，能够造成事故的潜在危险因素被称作危险源，来自某种危险源的造成人员伤害或物质损失的可能性叫做危险。危险源是一些可能出问题的事物或环境因素，而危险表征潜在的危险源造成伤害或损失的机会可以用概率来衡量。

（3）不可能根除一切危险源和危险，可以减少来自现有危险源的危险性，应减少总的危险性而不是只消除几种选定的危险。

（4）由于人的认识能力有限，有时不能完全认识危险源和危险，即使认识了现有的危险源，随着技术的进步又会产生新的危险源。受技术、资金、劳动力等因素的限制，对于认识了的危险源也不可能完全根除，因此，只能把危险降低到可接受的程度，即可接受的危险。安全工作的目标就是控制危险源，努力把事故发生概率降到最低，万一发生事故，把伤害和损失控制在最低程度上。

（三）系统安全中的人失误

人作为一种系统元素，发挥功能时会发生失误，系统安全中的术语称之为人失误。

里格比认为，人失误是人的行为的结果超出了系统的某种可接受的限度。换言之，人失误是指人在生产操作过程中实际实现的功能与被要求的功能之间的偏差，其结果是可能以某种形式给系统带来不良影响。

人失误产生的原因包括两个方面：一是工作条件设计不当，即设定工作条件与人接受的限度不匹配引起人失误；二是人员的不恰当行为造成人失误。除了生产操作过程中的人失误之外，还要考虑设计失误、制造失误、维修失误以及运输保管失误等，因而较以往工业安全中的不安全行为，人失误对人的因素涉及的内容更广泛、更深入。

五、综合原因理论

综合原因理论认为事故是社会因素（基础原因）、管理因素（间接原因）和生产中危险因素（直接原因）被偶然事件触发所造成的后果，是以上综合原因共同造成的结果，失去任何一个因素均不可以引发事故的发生。事故调查过程则与上述过程相反，为事故现象→事故经过→直接原因→间接原因→基础原因。

第二节 常用安全生产监管原理

安全生产管理原理是从生产管理的共性出发，对生产管理中安全工作的实质内容进行科学分析、综合、抽象与概括所得出的安全生产管理规律。安全生产管理是管理的组成部分，遵循管理的普遍规律，既服从管理的基本原理与原则，又有其特殊的原理与原则。安全生产管理原则是指在生产管理原理的基础上，指导安全生产活动的通用规则。安全生产监管方法的制定和运用要符合安全生产管理原理，遵从其原则。当然，这些原理和原则不是一成不变的，要随着时代和技术的发展而变革与更新。

一、系统原理及原则

（一）系统原理的含义

系统原理是现代管理学的一个基本原理。它是指人们在从事管理工作时，运用系统理论、观点和方法，对管理活动进行充分的系统分析，以达到管理的优化目标，即用系统论的观点、理论和方法来认识和处理管理中出现的问题。

所谓系统，是由相互作用和相互依赖的若干部分组成的有机整体。任何管理对象都可以作为一个系统。系统可以分为若干个子系统，子系统可以分为若干要素，即系统是由要素组成的。按照系统的观点，管理系统具有六个特征，即集合性、相关性、目的性、整体性、层次性和适应性。

安全生产管理系统是生产管理的一个子系统，包括各级安全管理人员、安全防护设备与设施、安全管理规章制度、安全生产操作规范和规程以及安全生产管理信息等。安全贯穿于生产活动的方方面面，安全生产管理是全方位、全天候且涉及全体人员的管理。

（二）运用系统原理的原则

（1）动态相关性原则。动态相关性原则告诉我们，构成管理系统的各要素是运动和发展的，它们相互联系又相互制约。显然，如果管理系统的各要素都处于静止状态，就不会发生事故。例如巷道开挖产生动态过程，一是随开挖行为的延续，所揭露的岩体必然不同；二是随开挖行为的延续，岩体的应力必然重新分布；三是随开挖行为的延续，为使开挖的巷道具有特定的作用，其巷道的结构必然不同。也就是说巷道有天井、平巷、斜巷之别，有规格、断面之别，但它们又是相关联的，因此生产管理是一个动态的过程。

（2）整分合原则。高效的现代安全生产管理必须在整体规划下明确分工，在分工基础上有效综合，这就是整分合原则。运用该原则，要求企业管理者在制定整体目标和进行宏观决策时，必须将安全生产纳入其中；在考虑资金、人员和体系时，必须将安全生产作为一项重要内容考虑。

（3）反馈原则。反馈是控制过程中对控制机构的反作用。成功、高效的管理，离不开灵活、准确、快速的反馈。企业生产的内部条件和外部环境在不断变化，所以必须及时捕获、反馈各种安全生产信息，以便及时采取行动。

（4）弹性原则。在对系统外部环境和内部情况的不确定性给予事先考虑，并对发展变化的各种可能性及其概率分布进行较充分认识、推断的基础上，在制定目标、计划、策略等方面，相适应地留有余地，有所准备，以增强组织系统的可靠性和管理对未来态势的应变能力，这就是管理的弹性原则。管理的弹性就是当系统面临各种变化的情况下，管理能机动灵活地作出反应以适应变化的环境，使系统得以生存并求得发展。卓有成效的管理追求积极弹性，即在对变化的未来作科学预测的基础上，组织系统应当备有多种方案和预防措施，目的在于一旦态势有重大变故，能够不乱方寸、有备无患地作出灵活的应变反应，从而能保证系统的可靠性。弹性原则对于安全管理具有十分重要的意义。安全管理所面临的是错综复杂的环境和条件，尤其事故致因是很难被完全预测和掌握的，因此安全管理必须尽可能保持良好的、积极的弹性，一方面要不断地推进安全管理的科学化、现代化，加强系统安全分析和危险性评价，尽可能做到对危险因素的识别、消除和控制；另一方面要采取全方位、多层次的事故预防措施，实现全面、全员、全过程的安全管理。

（5）分级控制匹配原则。分级控制匹配原则是指"基于分级而采取相应级别的安全监控管理措施的合理性匹配原理"，简称分级控制原理。这一原则基于对系统的风险分级，遵循安全分级监控的合理性、科学性原则，能够保障和提高安全监控或监管的效能。基于风险分级的监控监管匹配原则的方法机制一般采用四个风险级别，分别为Ⅰ级、Ⅱ级、Ⅲ级和Ⅳ级，对应的预警颜色分别用红色、橙色、黄色和蓝色的安全色表征。相应安全监管措施也分为四个防控级别，分别为高级预控、中级预控、较低级预控和低级预控，对应的颜色同样用红色、橙色、黄色和蓝色的安全色表征。

（6）封闭原则。在任何一个管理系统内部，管理手段、管理过程等必须构成一个连续封闭的回路，才能形成有效的管理活动，这就是封闭原则。封闭原则告诉我们，在企业安全生产中，各管理机构之间、各种管理制度和方法之间，必须具有紧密的联系，形成相互制约的回路，管理活动才能有效。

二、人本原理及原则

（一）人本原理的含义

在管理中必须把人的因素放在首位，体现以人为本的指导思想，这就是人本原理。以人为本有两层含义：一是一切管理活动都是以人为本展开的，人既是管理的主体，又是管理的客体，每个人都处在一定的管理层面上，离开人就无所谓管理；二是管理活动中，作为管理对象的要素和管理系统各环节，都需要人掌管、运作、推动和实施。

（二）运用人本原理的原则

（1）动力原则。推动管理活动的基本力量是人，管理必须有能够激发人的工作能力的动力，这就是动力原则。对于管理系统有三种动力，即物质动力、精神动力和信息动力。

（2）能级原则。现代管理认为，单位和个人都具有一定的能量，并且可以按照能量的大小顺序排列，形成管理的能级，就像原子中电子的能级一样。在管理系统中，建立一套合理能级，根据单位和个人能量的大小安排其工作，发挥不同能级的能量，保证结构的稳定性和管理的有效性，这就是能级原则。

（3）激励原则。管理中的激励就是利用某种外部诱因的刺激，调动人的积极性和创造性。以科学的手段激发人的内在潜力，使其充分发挥积极性、主动性和创造性,这就是激励原则。人的工作动力来源于内在动力、外部压力和工作吸引力。

(4) 行为原则。需要与动机是人的行为的基础,人类的行为规律是需要决定动机,动机产生行为,行为指向目标,目标完成需要得到满足,于是又产生新的需要、动机、行为,以实现新的目标。

三、预防原理及原则

(一) 预防原理的含义

安全生产管理工作应该做到预防为主,通过有效的管理和技术手段,减少和防止人的不安全行为和物的不安全状态,从而使事故发生的概率降到最低,这就是预防原理。在可能发生人身伤害、设备或设施损坏以及环境破坏的场合,事先采取措施,防止事故发生。

(二) 运用预防原理的原则

(1) 偶然损失原则。事故后果以及后果的严重程度,都是随机的、难以预测的。反复发生的同类事故,并不一定产生完全相同的后果,这就是事故损失的偶然性。偶然损失原则告诉我们,无论事故损失的大小,都必须做好预防工作。如爆炸事故,爆炸时伤亡人数、伤亡部位、被破坏的设备种类、爆炸程度以及事后是否有火灾发生都是偶然的,无法预测的。

(2) 因果关系原则。事故的发生是许多因素互为因果连续发生的最终结果,只要诱发事故的因素存在,发生事故是必然的,只是时间或迟或早而已,这就是因果关系原则。

(3) "3E"原则。造成人的不安全行为和物的不安全状态的原因可归结为四个方面:技术原因、教育原因、身体和态度原因管理原因。针对这四个方面的原因,可以采取三种防止对策,即工程技术(engineering)对策、教育(education)对策和法制(enforcement)对策,即所谓"3E"原则。

(4) 本质安全化原则。本质安全化原则是指从一开始和从本质上实现安全化,从根本上消除事故发生的可能性,从而达到预防事故发生的目的。本质安全化原则不仅可以应用于设备设施，还可以应用于建设项目。

四、安全强制原理及原则

（一）安全强制原理的含义

采取强制管理的手段控制人的意愿和行为，使个人的活动、行为等受到安全生产管理要求的约束，从而实现有效的安全生产管理，这就是强制原理。所谓强制就是绝对服从，不必经被管理者同意便可采取控制行动。

（二）运用安全强制原理的原则

（1）安全第一原则。安全第一就是要求在进行生产和其他工作时把安全工作放在一切工作的首要位置。当生产和其他工作与安全发生矛盾时，要以安全为主，生产和其他工作要服从于安全，这就是安全第一原则。

（2）安全监督原则。监督原则是指在安全工作中，为了使安全生产法律法规得到落实，必须明确安全生产监督职责，对企业生产中的守法和执法情况进行监督。

（3）安全责任原则。安全责任原则要求各级组织和个人对应承担的安全职责负责任，履行该安全职责是实现安全的根本保障。

第三节 安全管理理论的发展

人类的发展历史一直伴随着人为或自然意外事故和灾难的挑战，从远古人类祈天保佑、被动承受到学会"亡羊补牢"凭经验应付，一步步到近代人类扬起"预防"之旗，直至现代社会运用全新的科学安全理念。现代人类已经可以利用安全系统工程和本质安全化的事故预防技术，把"事故忧患"的颓废认识转变为安全科学的缜密对策；把现实社会"事故高峰"和"生存危机"的自扰情绪转变为与生产安全事故抗争和实现平安康乐的动力，创造人类安全生产和安全生存的安康世界。

一、人类社会安全管理的理论发展

人类社会安全管理的理论经历了四个发展阶段。

第一阶段：在人类工业发展初期。发展了事故学理论，安全生产管理主流是建立在事故致因分析理论基础上的经验型管理方式，这一阶段常常被称为传统安全生产管理阶段。与之相对应，该阶段安全生产管理方法主要是事故型管理方式，即以事故为管理对象，管理的程式是事故发生→现场调查→分析原因→找出主要原因→理出整改措施→实施整改→效果评价和反馈。这种管理模型的特点是经验型，缺点是事后整改、代价与成本高，不符合预防的原则。

第二阶段：在电气化时代。发展了危险理论，建立在危险分析理论基础上，具有超前预防型的管理特征。这一阶段提出了规范化、标准化管理，常常被称为科学管理的初级阶段。与之相对应，该阶段安全管理方法主要是缺陷型管理方式，以缺陷或隐患为管理对象，管理的程式是查找隐患→分析成因→关键问题→提出整改方案→实施整改→效果评价，其特点是超前管理、预防型、标本兼治，缺点是系统受限、被动式、实时性差、从上而下，因而存在缺乏现场参与、无合理分级、复杂动态风险失控等问题。

第三阶段：在信息化时代。发展了风险理论，建立在风险控制理论基础上，具有系统化管理的特征。这一阶段提出了风险管理，是科学管理的高级阶段。与之相对应，该阶段安全管理方法主要是风险型管理方式，以风险为管理对象，管理的程式是进行风险全面辨识→风险科学分级评价→制订风险防范方案→风险实时预报→风险适时预警→风险及时预控→风险消除或削减→风险控制在可接受水平。它的特点是风险管理类型全面、过程系统完备、现场主动参与、防范动态实时、科学分级、有效预警预控，其缺点是专业化程度高、应用难度大，需要不断改进。

第四阶段：未来的安全生产管理。未来的安全生产管理将以本质安全为管理目标，推进兴文化的人本安全和强科技的物本安全，实现安全管理的理想境界。与之相对应，该阶段安全管理方法主要是目标型管理方式：以安全系统为管理对象，以全面提高本质安全为管理目标，管理程式是制定安全目标→分解目标→管理方案设计→管理方案实施→适时评审→管理目标实现→管理目标优化。管理的特点是全面性、预防性、系统性、科学性的综合策略，缺点是成本高、技术性强，还处于探索阶段。

二、我国安全管理理论的发展

中华人民共和国成立以来，我国的安全管理工作经历了动荡曲折的螺旋式发展过程，大致分为以下四个阶段。

（1）建立和发展阶段。该阶段系三年国民经济恢复时期和第一个五年计划时期。这一时期安全工作发展顺利，措施得力，安全生产达到了中华人民共和国成立以来的最佳水平。

（2）停顿和倒退阶段。1958—1960年，拼体力、拼设备、浮夸冒进之风盛行，生产秩序遭到破坏，其间伤亡事故大幅度上升，出现了中华人民共和国成立以来的第一次伤亡事故高峰。20世纪60年代初，我国总结经验教训，实行了"调整、巩固、充实、提高"的方针，健全安全规章制度，加强安全管理，重建安全生产秩序，开展"十防一灭"活动（防撞压、防坍塌、防爆炸、防触电、防中毒、防粉尘、防水灾、防水淹、防浇烫、防坠落，消灭工伤和死亡事故），发布了一系列的安全卫生法规，安全生产状况有了好转，伤亡事故迅速减少。1966—1976年，国民经济遭受严重的挫折，安全工作也受到了严重的破坏，产生了动荡和徘徊，出现了又一次大倒退。安全管理专业队伍被解散，伤亡事故和职业病数量再次大幅度上升，出现了中华人民共和国成立以来的第二次事故高峰。1976年，随着党和国家工作重点的转移，国家经济开始恢复，为安全工作的恢复和发展创造了一定条件。但是由于一些部门与企业的领导人只抓生产，不顾安全，以致伤亡事故频繁，出现第三次事故高峰，安全生产工作呈现徘徊不前的局面。

（3）恢复与提高阶段。1978年中共中央发布了《关于认真做好劳动保护工作的通知》，1979年国务院批转国家劳动总局、卫生部《关于加强厂矿企业防尘防毒的工作报告》。这两个文件对扭转当时安全卫生状况严重不良的局面，起到了关键性作用，成为安全工作的指导性文件和依据。这一阶段立法工作进展得很快，先后颁布了150多项安全卫生标准。1983年，确定了国家监察、行政管理、群众监督的安全管理体制，我国安全管理工作从行政管理开始跨入法制管理阶段。1987年，将原来"安全生产"的方针确定为"安全第一，预防为主"的安全生产方针，把安全工作的重点放在了预防上。这一时期，伤亡事故基本上控制在一定的范围内。

（4）市场经济下的高速发展阶段。从1993年开始，国家经济体制改革带来一系列新的问题，事故和职业病又骤然上升，我国进入了第四次事故高峰期。为了适应政府转变职能、企业转换机制的新形势，《国务院关于加强安全生产工作的通知》（国发〔1993〕50号文）提出"企业负责、行政管理、国家监察和群众监督"的安全生产管理体制。出台和修订了较多综合、全面、适用范围广泛的基本法，如《中华人民共和国矿山安全法》（1992年）、《中华人民共和国劳动法》（1994年）、《中华人民共和国刑法》（1997年修订）、《中华人民共和国消防法》（1998年）、《中华人民共和国安全生产法》（2002年）、《中华人民共和国职业病防治法》（2001年）等，我国逐渐形成了较为完整的职业安全卫生法律法规体系。2000年以来，国家机构体制进行了改革，先后成立了国家安全生产监督管理总局、国家煤矿安全监察局以及国务院安全生产委员会并直属国务院领导，安全生产方针改为"安全第一，预防为主，综合治理"。国家安全生产监督管理实行分级管理，在各级地方政府设置专门机构，具体承担安全生产监督管理和综合协调职能。煤矿安全监察实行垂直管理体制，下设办事机构，专司煤矿安全监察执法。国务院安全生产委员会主要负责协调安全生产监督管理中的重大问题。

2018年4月，国家成立应急管理部，将13个部门和单位进行了整合和统一，其中安全生产监管职能作为应急管理的基本盘和基本面并入新成立的部门。中华人民共和国应急管理部的成立，从资源整合利用角度来讲，符合国际社会发展的潮流，有利于共同应对事故灾害，避免资源浪费。从安全生产管理来讲更是关口前移，加强了安全监管工作力度。

三、新时代中国特色社会主义安全发展观

中国共产党第十八次全国代表大会以来，习近平总书记对安全生产问题做了一系列重要论述，这些论述充分体现了中国特色社会主义科学发展观的核心立场，深刻揭示了现阶段我国安全生产的规律和特点，其

中涉及安全生产监管方法的内容可以在实践中直接适用。

(一) 安全发展观

党和政府历来高度重视安全生产工作,为促进安全生产、保障人民群众生命财产安全和健康进行了长期努力,做了大量工作。进入21世纪以后,伴随着经济、社会结构的巨变,我国安全生产形势及社会形态都出现了新特征,传统的安全生产管理模式面临重大挑战。随着经济的高速发展,工业化、城镇化快速推进,人们先后提出了多种安全与发展关系的相关理念。

党中央、国务院深刻认识到在全面建成小康社会进程中,做好安全生产工作的极端重要性,提出了安全生产发展目标,要持续降低事故总量和死亡人数,坚决遏制重特大事故的发生,到2020年使我国安全生产状况得到根本好转。同时,准确分析和把握我国安全生产阶段性特征,全面总结中华人民共和国成立以来安全生产的实践经验,积极借鉴世界各国工业化进程中的经验教训和吸收人类文明进步的新成果,逐步提出和完善安全发展的思想理念,大力实施安全发展战略。

安全发展是指发展要建立在安全保障的基础上,做到安全发展与社会经济发展同时规划、同时部署,实现有安全保障下的可持续发展,实现广大人民群众的生命安全与生产发展、生活富裕、生态良好的有机统一。安全发展作为一种发展理念,具有科学性、战略性、实践性,是经济与社会发展的重要指导原则。贯彻实施好安全发展战略,对于促进经济与社会健康发展,实现安全生产形势根本好转,意义重大而深远。

(二) 安全为本论

安全为本论就是安全是基本的、民生的安全观,一切活动以生命安全保障为前提,没有安全为保障,民生无法实现,生命安全是民生的根本。民生是人民幸福之基,是实现社会和谐之本,民生连着民心,民心关系国运。牢记安全是最基本的民生的道理,坚持在发展中保障并改善民生,增进民生福祉是发展的根本目的。

必须多谋民生之利,多解民生之忧,坚持生命安全至高无上原则,就是要树立"安全为天,生命为本"的安全理念。坚持以人民为中心的发展思想，把人民对美好生活的向往作为奋斗目标，依靠人民创造历史伟业。正确处理安全与生产、效益、经济的关系，依靠人民，为了人民，保护人民。牢记为什么人的问题是检验一个政党、一个政权性质的试金石，带领人民创造美好生活，是我们党始终不渝的奋斗目标，必须始终把人民利益摆在至高无上的地位，让改革发展成果更多更公平惠及全体人民，朝着实现全体人民共同富裕不断迈进。

安全为本和共享安全的观念是相辅相成的，在经济全球化的今天，没有与世隔绝的孤岛，同为地球村的居民，我们要树立人类命运共同体的意识，弱肉强食、丛林法则不是人类共存之道；穷兵黩武、强权独霸不是人类和平之策；赢者通吃、零和博弈不是人类发展之路。人人需要安全已成为普遍认同的公理，世界上每一个自然人、社会人，无论地位高低，财富多少，都需要和期望自身的生命安全及健康，都需要安全生存、安全生活、安全生产、安全发展。

习近平总书记基于对人类社会战争与和规律性的准确把握以及对国家安全观的论述，对人类文明坚持共建共享的思想，为建设一个普遍安全的世界提供了中国方案。

（三）安全红线意识论

安全红线意识就是各级党委和政府、各级领导干部要牢固树立安全发展观念，始终把人民群众的生命安全放在第一位，牢牢树立发展决不能以牺牲人的生命为代价观念。这个观念一定要非常明确，非常强烈，非常坚定。"红线"就是"生命线""高压线"，对"红线"，必须以最坚决的态度牢牢坚守。发展必须以人为本、以民为本。要把安全发展作为科学发展的内在要求和重要保障，与转方式、调结构、促发展紧密结合起来，从根本上提高安全发展水平。牢牢守住安全生产这条红线，真正把安全作为发展的前提、基础和保障。它的基本要点如下：

（1）始终把人民群众的生命安全放在首位。大力实施安全发展战略，经济不是地方发展水平的唯一标准，绝不要带血的GDP。这就要求我们坚持系统治理，严密层级、行业、政府、社会治理相结合的安全生产治理体系，组织动员各方面力量实施社会共治。综合适用法律、行政、经济、市场等手段，落实人防、技防、物防措施，提升全社会安全生产治理能力。

（2）加强责任意识。要建立健全安全生产责任体系，在此基础上加强督促检查，严格考核奖惩，全面推进安全生产工作。安全生产工作不仅政府要抓，党委也要抓。党委要管大事，发展是大事，安全生产也是大事，要时刻牢记没有安全发展就不能实现科学发展。要抓紧建立健全"党政同责，一岗双责，齐抓共管"的安全生产责任体系。要把安全责任落实到岗位，落实到人，切实做到"管行业必须管安全，管业务必须管安全，管生产经营必须管安全"。

（3）强化企业主体责任落实。所有企业都必须认真履行安全生产主体责任，善于发现问题，及时解决问题，采取有力措施，做到安全投入到位，安全培训到位，基础管理到位，应急救援到位。特别是中央企业一定要提高管理水平，给全国企业作出表率。

（4）加快安全监管改革创新。要对安全生产监管薄弱环节进行改革与创新，各地方各部门、各类企业都要坚持安全生产高标准和严要求，招商引资上项目要严把安全关；加大安全生产指标考核的权重，实行安全生产和重大事故风险"一票否决"，加快安全生产法治化进程，完善安全生产法律法规和标准，依法开展安全生产监察；严肃事故调查处理和责任追究，对事故运用"四不放过"（事故原因未查清不放过，责任人员未处理不放过，整改措施未落实不放过，有关人员未受教育不放过）的原则进行处理，同时进行警示教育；加强监督和检查，采取"四不两直"（不发通知，不打招呼，不听汇报，不用陪同和接待，直奔现场，直插现场）的方式开展明查暗访；建立安全生产检查工作责任制，推行谁检查，谁签字，谁负责的工作原则。

（5）全面构建长效机制。安全生产要坚持标本兼治，重在治本，建立长效机制，长期抓下去。要做到警钟长鸣，用事故教训推动安全生产工作。做到"一厂出事故，万厂受教育，一地有隐患，全国受警示"。要建立隐患排查治理，风险预防控制体系，做到防患于未然。推行风险管控，逐步形成风险意识、人文意识，实施安全文化引领。

安全红线意识论揭示了我国现阶段安全生产的规律特点，其中针对制约安全生产的深层次问题提供了一系列标本兼治的思路，为我们做好安全生产工作提供了根本遵循。安全红线意识论体现了科学发展观以人为本的核心立场，确立了新形势下安全生产的重要地位，为解决安全生产"摆位"问题提供了强大的思想理论武器。科学发展观第一要务是发展，核心是以人为本。发展是硬道理，但不顾安全的发展没有道理。以人为本，首先要以人的生命安全为本。当经济社会发展与安全生产发生矛盾时，习近平同志旗帜鲜明、不容置疑地提出"红线"意识论，而且要求这个观念一定要非常明确、非常强烈、非常坚定。这是对各级领导干部是否坚持以人为本、贯彻落实科学发展观的重要检验。安全红线意识论贯穿着立党为公、执政为民的执政理念，坚持生命至上，体现了对人的尊重，对生命的敬畏，传递了价值至上的理念。我们党是全心全意为人民谋利益的政党，我国政府是人民的政府。各级领导干部为官一任，必须确保一方平安，切实维护人民群众生命财产安全，让人民群众平安共享经济发展和社会进步的成果。大力倡导"以人为本，生命至上"的安全文化，强化全民安全意识，使每个人都尊重生命、爱护生命，在工作中自觉遵守安全生产的各项规定和操作标准。

（四）安全底线思维论

安全底线思维论就是安全生产监管要善于运用底线思维的方法，凡事从坏处准备，努力争取最好的结果，这样才能有备无隐、遇事不慌，牢牢把握主动权。要坚持法治、制度、系统综合对策底线。2019年1月21日习近平总书记在省部级主要领导干部"坚持底线思维，着力防范化解重大风险专题研讨班"开班式上发表重要讲话，强调要坚持底线思维，增强忧患意识，提高防控能力，着力防范化解重大风险，保持经济持续健康发展和社会大局稳定。当然，坚持底线思维不是墨守成规，故步自封，要在坚守安全底线的基础上有所超越，同时具备科学思维，应用科学监管模式；具备本质思维，创建本质安全企业；兼具战略思维，实施安全发展战略。

安全底线思维论要求我们以最坚决的态度坚守底线，推动安全发展，对底线要有敬畏之心、戒惧之心，绝不能触碰。招商引资绝不能成为"招财引灾"，增产扩能绝不能埋下隐患，决不能搞那些降低安全标准、违反安全规定的所谓"一站式"服务。要把安全生产和转方式、调结构、促发展结合起来，确保城市安全运行、企业安全生产、公众安全生活。

以最严格的要求落实安全生产责任制、以最严厉的手段深化隐患整改、以最有效的措施营造安全生产浓厚氛围、以最大的勇气推进安全生产改革创新，推进依法治理。安全监管队伍要强化坚守底线意识的能力，加强作风和队伍建设，要以最严明的纪律做安全发展的忠诚卫士，提高监管监察能力，运用底线思维对隐患和问题敢抓敢管；提高应急处置能力，努力成为安全生产的专家内行；提高宣传引导能力，发出安全生产最强音，将安全生产理念贯穿到各项工作全过程。

（五）源头防范论

源头防范论就是加大事故预防的纵深及有效性研究，建立系统化的安全预防控制体系，把风险控制在隐患形成之前，把隐患消灭在萌芽状态的安全观。生产安全事故具有可防可控性，坚持关口前移、标本兼治，坚持把重大风险隐患当作事故来对待，坚持从源头上管控风险、消除隐患，有效监测风险、预测风险、化解风险，就能够减轻生产安全事故的影响。2019年10月，党的十九届四中全会提出健全公共安全体制机制，坚持源头防范，构建风险分级管控和隐患排查治理双重预防工作机制，严防风险演变、隐患升级导致生产安全事故发生是其中重要举措之一。它的主要内容如下。

（1）安全风险分级管控要求地方各级政府要建立完善安全风险评估与论证机制，科学合理确定企业选址和基础设施建设、居民生活区空间布局。高危项目审批必须把安全生产作为前置条件，城乡规划布局、设计、建设、管理等各项工作必须以安全为前提，实行重大安全风险"一票否决"。经济社会发展要以安全为前提，把安全生产贯穿城乡规划布局、设计、建设、管理和企业生产经营活动全过程。城镇发展规划以及开发区、工业园区的规划、设计和建设，都要遵循"安全第一"的方针。把安全生产与转方式、调结构、促发展紧密结合起来，从根本上提高安全生产水平。加强新材料、新工艺、新业态安全风险评估和管控。紧密结合供给侧结构性改革，推动高危产业转型升级。企业层面要强化预防措施，定期开展风险评估和危害辨识。针对高危工艺、设备、物品、场所和岗位，建立分级管控制度，制定落实安全操作规程。

（2）隐患排查治理要求树立隐患就是事故的观念，建立健全隐患排查治理制度、重大隐患治理情况向负有安全生产监督管理职责的部门和企业职代会"双报告"制度，实行自查自改自报的闭环管理。要制定生产安全事故隐患分级和排查治理标准。负有安全生产监督管理职责的部门要建立与企业隐患排查治理系统联网的信息平台，完善线上线下配套监管制度。强化隐患排查治理监督执法，对重大隐患整改不到位的企业依法采取停产停业、停止施工、停止供电和查封扣押等强制措施，按规定给予上限经济处罚，对构成犯罪的要移交司法机关依法追究刑事责任。严格重大隐患挂牌督办制度，对整改和督办不力的纳入政府核查问责范围，实行约谈告诫、公开曝光，情节严重的依法依规追究相关人员责任。

（3）强化综合风险监测，加强灾害监测预警。开展督促检查，提高动态监测、实时预警能力，推进风险防控工作科学化、精细化，对各种可能的风险及其原因都要心中有数、对症下药、综合施策，力争把风险化解在源头，不让小风险演化成大风险，不让个别风险演化成综合风险，不让局部风险演化成区域性或系统性风险。同时要强化各项应急准备，突出生产安全事故应急指挥机制、专项应急预案、专业救援力量、专业救援设施等核心要素的建设，随时做好打大仗、打硬仗的准备。

习近平新时代中国特色社会主义思想内涵十分丰富，最重要、最核心的内容就是十九大报告概括的"八个明确"，其中明确了新时代中国社会主要矛盾是人民日益增长的美好生活需要和不平衡不充分的发展之间的矛盾。同时，二十大报告中指出："坚持安全第一、预防为主，完善公共安全体系，提高防灾减灾救灾能力"，为安全生产监管指明了正确的方向。"坚持以人民为中心"的安全发展观是对安全生产监管方法的直接指导，是中国安全生产管理理论的新发展和新贡献。

第四节 影响地方安全生产监管方法制定的因素

地方经济发展和安全投入水平、产业结构是安全生产监管的基础，这三个因素决定安全生产监管方法运用的方向和力度。以上因素对安全生产监管的影响度均可通过科学统计和分析得出结论，是决定地方安全生产监管方法制定的根源。在地方经济发展的基础上根据地方产业结构，进行安全生产投入，根据国家安全生产相关法律法规和技术标准，运用前沿的安全生产技术和管理理论，并适时开展安全生产和地方发展耦合关系研究，是制定地方安全生产监管方法的依据。忽视这些因素，制定出的安全生产监管方法在实践中就会出现偏差和失误。

一、地方经济发展状况

人类的安全水平很大程度上取决于经济水平，经济的发展、生活水平的提高，增加了社会需求，促进了工业快速发展。而经济的增长除了要求资本的积累、劳动力的增加和技术的进步外，还必须以安全生产作为前提。事故与伤亡也是工业化进程的产物，事故状况与国家工业发展的基础水平、速度和规模等因素密切相关。同时，经济的发展会促进人类精神文明的进步，随之人们对安全的要求也会提高，更关注道路交通、火灾、核安全、公共安全等方面的安全情况。而人类社会往往是通过安全管理和科学技术等手段提高安全生产水平。

经济发展水平指标包括亿元GDP（亿元）、人均GDP（元）、工业增长速度（%）等。研究发现反映经济发展水平的人均GDP指标与10万人死亡率指标相关性不强，但与具有经济信息量的亿元GDP死亡率指标具有显著相关性。通过2002年、2020年全国各省市生产安全事故亿元GDP死亡率与人均GDP关系曲线（图2-1）和有关统计分析数据和回归模型可以看出，随着人均GDP增加到一定值，事故率呈下降趋势。同时，世界上一些国家或地方的经济发展经历表明，当一个国家或地方的人均GDP在5000美元以下时，高速的经济发展使工业事故和伤亡呈波动增量的态势，人均GDP接近1万美元时，工伤事故发生率降低，当GDP达到或超过2万美元时，工伤事故发生率可以控制在一定范围内。因此，国内外相关发展经验说明，国民经济总量增长必然导致安全风险加大，从而产生事故增多和伤亡人数增加的后果；而经济发展到一定水平后，安全事故发生率和伤亡人数降低。

我国工伤事故死亡绝对人数和相对人数存在明显的反差，反映了当前我国安全生产形势的基本特点。许多研究结果表明，事故伤亡绝对人数居高不下与主要经济总量扩大和工业就业人员增多有密切关系。2000

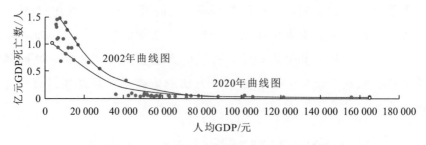

图 2-1 2002 年、2020 年全国各省市生产安全事故亿元 GDP 死亡率和人均 GDP 关系曲线

年，我国国内生产总值 1.08 万亿美元，超过了原定较 1980 年翻两番的目标，这种增长主要是依赖资源的高投入、高消耗、高密度来实现的。2019 年我国国内生产总值达到 14.4 万亿美元，居世界第二位，人均国内生产总值达到 10 276 美元，首次突破 1 万美元大关，国内生产总值比上年增长 6.1%，明显高于全球经济增速，对世界经济增长贡献率达 30%，持续成为推动世界经济增长的主要引擎。从 2000—2020 年全国生产安全事故死亡人数与人均 GDP 关系的相关资料可知，随着我国经济实力的不断增强，生产安全事故发生率也呈逐年下降的趋势。这与"人均 GDP 接近 1 万美元时工伤事故发生率降低"的社会经济发展与安全生产关系的规律相吻合，当然也与党中央国务院高度重视安全生产工作，采取了一系列重要措施密切相关。

地方经济发展与安全生产监管的关系从本质上说明，监管要尊重经济发展水平要与安全生产状况相匹配这一客观规律，生产安全事故是经济发展的产物，经济的发展应该推动安全技术实力和安全管理水平的不断提高，从而实现遏制生产安全事故高发趋势的目的。

二、地方安全生产投入水平

在地方经济发展的基础上，安全生产还必须有一定的人力、物力、财力作为保障，在硬件和软件上不断投入，改善安全生产条件和保障措施。实践证明，安全生产投入越多安全系数就越大，安全生产投入决定安全生产水平，反之安全生产水平也折射出安全生产投入。安全生产对社会经济的影响不仅表现在减少事故造成的经济损失方面，同时也表现在安全对经济具有的贡献率，安全也是生产力。重视安全生产工作，加大安全生产投入，与促进国民经济持续快速发展，坚持以经济建设为中心是完全一致的。在必要、有效的前提下，安全生产投入具有明显、合理的产出。因此，各级领导和生产经营单位负责人应转变长期以来将安全生产投入当做包袱或"无益成本"的不明智观点。鉴于职业伤害给国民经济带来的严重后果，不少国家制定了有关政策，开展有计划预防事故发生的安全生产投资，使安全生产工作得以与国民经济同步发展。

（一）安全生产投入比例的掌握

要用社会有限的投入，使人类尽可能获得高的安全水准。在获得人类可接受的安全水平的前提下，尽力去节约社会的安全投入。人类的安全水平很大程度上取决于经济水平，经济问题是安全问题的重要根源之一。这种客观存在决定了安全的相对性特征及安全标准的时效性特征。安全活动离不开经济活动的支撑，安全经济活动贯穿于生产经营及安全科学技术活动的理论范畴和应用范围。通过对安全活动的合理组织、控制和调整，达到人、技术、环境的最佳安全效益，是政府安全监督管理部门必须考虑的问题。

从安全经济学的角度看，衡量一个国家安全投资的比例是否合理，应在一定的经济发展水平阶段，主要以其有限的安全投资量是否能取得最大的经济效益和社会效益为依据。因此，坚持经济效益和社会效益的统一，促进经济增长和社会发展目标的实现是确定安全投资量是否合理的基本原则。通常以国民收入（或国民生产总值）增长率目标的实现作为经济效益的标志，把保证实现国民收入增长率所需的安全保障条件作为衡量标准。因此，保证社会生产和人民生活所需的安全条件和水平的安全投资消耗量就是安全投资的合理投入量。根据上述原则，安全经济投资合理比例的确定，应以经济增长率既定目标作为首要依据，在实现既定的经济增长率目标的前提下，以国家经济实力能为安全提供的经济资源来确定安全生产投资总量比例的上限，满足经济增长所要求的最低限度的安全条件所需投资总量则是安全投资的下线。前者是指在保证经济增长目标前提下，可能拿出的安全投资量，后者是指在保证生产和生活安全要求的条件下，需要的最低安全投资量。一个是可能，一个是需要，合理的投资只能介于二者之间，安全需要的最低投入量的确定至关重要。安全需要不仅取决于人的客观要求，而且取决于人类的社会因素。安全经济学就是研究这一客观属性及其规律，提出相对合理的、社会能够接受的安全投资水平。

安全投资总量的确定和社会发展的目标有密切关系，人民的生产和生活安全目标，一方面本身就是社会发展目标的一部分，它与其他社会目标（教育事业，文化事业，科学事业，体育事业，卫生防疫）一样，受社会经济发展总目标的制约。在财政收入既定的条件下，社会发展目标过高，用于社会发展目标的投资量过大，将会影响经济发展目标的实现并导致经济效益的降低。另一方面安全的绝对目标受其他社会与经济发展目标的控制。从人类安全发展的历史看，生产与生活的安全水平是随着科学技术、社会观念、文化道德、经济水平等社会经济状况发展而发展的。因此，安全的发展目标（投资量）不仅要与社会经济发展总体目标相适应，还要与其他社会发展目标相协调。

（二）安全投资测算方法

依据上述安全投入比例原则，可采用如下几种方法确定安全投资的合理比例。

(1) 系统预推法。系统预推法是在预测未来经济增长和社会发展目标实现的前提下，经过系统分析和系统评价，并在进行系统的目标设计和分解的基础上，推测确定安全经费的合理投资量。这种方法需要采用很多具体的技术方法，如安全的定量目标与社会发展目标的关系、安全总目标的分配技术（不同行业或部门的分目标水平）、各种安全目标的成本计算等。系统预推法是比较科学和严谨的，缺点是可操作性差，应用技术难度大。

(2) 历史比较法。这种方法是根据本地方、本行业、本企业的历史做法，选择比较成功和可取年份的方案，作为未来安全投资基本参考模式；在考虑未来的生产量、技术状况、人员素质状况、安全水平等影响因素的情况下，考虑货币实际价值变化的条件，对未来安全投资量作出确切的定量。这种方法应用简单，实际中较为常用，缺点是精确度不够。

(3) 地区或国际比较法。一个国家或地区安全投资总额及其在国民经济各项指标中所占的比例是否合适,可与本国其他地区或世界其他国家在不同时期和条件下的安全投资水平进行比较研究,从而获得参考,指导本国或地区同类型行业的安全投资决策。进行地区或国际比较,确定地区或本国和同行业的安全投资比例时,应注意两地或两国的经济发展水平须大体相似,经济各项指标、安全经费来源、总额统计的口径应相同。

(三)地方安全生产投入要与经济发展水平相匹配

安全生产投入水平与安全生产的关系表明,地方经济活动频繁、经济发达就有条件加大安全生产投入,包括安全基础设施、先进安全生产设备设施、应急救援力量、安全监管人力资源等方面的投入。反之,地方经济活动不频繁、经济不发达,便要因地制宜,精心设计,科学规划,保障地方安全生产必须的投入,满足地方安全生产的需要,避免陷入投入不足影响安全生产的恶性循环。

三、地方产业结构

地方产业结构决定了地方安全生产的特点和薄弱环节,安全生产监管方向和侧重点要根据地方产业结构,从产业规划、产业政策、法规标准、行政许可等方面加强地方安全生产工作,推动高危产业转型升级。不同地方产业结构不尽相同,安全生产监管要因地制宜,对症下药,做到精准施策。

从安全生产监管的角度研究产业结构,会发现产业类型不同、规模不同,发生事故的概率和严重程度也不同。地方安全生产危险系数可以反映产业结构对地方安全生产状况的影响。根据地方安全生产危险系数,参照全国各业态相近、产业相同的地区,相互比较可以得出该地方产业结构的生产安全特性和监管优劣。地方安全生产危险系数偏高的地区应引起足够的重视,要分析出地方安全生产危险系数偏高的原因,需适时进行产业升级改造和结构调整,提升本质安全水平。如进行产业升级改造和结构调整,可降低地方存在的高危行业比重和危险岗位数量,这将会降低地方安全生产危险系数。同时,可通过调整安全监管方法,采取必要的安全管理措施,确保地方安全生产形势平稳可控。如通过调整安全监管方法，投入必要的人力和物力，加强对危险行业和危险岗位的监管力度，可以控制地方安全风险。

地方产业结构与安全生产状况的关系说明，地方要加强产业政策的引导，从而实现地区本质安全。引导重点是完善和推动落实高危行业转型升级的政策措施，严格落实国家产业结构调整指导目录，及时淘汰落后技术工艺、设备。坚持全国"一盘棋"，严禁已淘汰的落后产能异地落户、办厂进园，对违规批建、接收者依法依规追究责任。各级地方人民政府要积极支持企业安全技术改造，对国家安排的安全生产专项资金，地方政府要加强监督管理，确保专款专用，并安排配套资金予以保障；地方政府应结合本地区产业发展实际，制订具体措施，合理引导投资方向，鼓励和支持发展先进生产技术，限制和淘汰落后生产技术，防止盲目投资和低水平重复建设，切实推进产业结构优化升级和地方安全水平提升。

四、现行安全生产法律法规和安全技术标准框架

现行安全生产法律法规和安全技术标准等为安全生产监管提供了依据，地方安全监管必须在现行法律法规和安全技术标准等框架内施行。安全生产监管实际上是国家安全生产法律法规、部门规章、规范性文件及国家安全技术标准如何在地方适用的问题，安全生产行政执法是其主要保障方式。经过多年的实践和积累，国家已制定安全生产法律、法规、部门规章，涵盖了行业、重点领域和重点岗位。地方各级政府结合本地方实际，也出台了大量安全生产地方性法规和规范性文件。同时，国家在安全生产监管实践过程中总结了安全生产技术规律，作为安全生产基础性技术规范，是安全生产法律法规的延伸，安全生产监督管理部门完全可以直接予以适用。执行国家安全生产法律法规和技术标准既是依法行政的要求，也是政府安全监管执行力的保障和依据。

我国已初步形成了安全生产法律法规和安全技术标准体系。已形成以《中华人民共和国安全生产法》《中华人民共和国职业病防治法》2部法律为基础、以《安全生产许可证条例》《生产安全事故应急条例》《国务院关于特大安全事故行政责任追究的规定》等13部行政法规为主干、以《烟花爆竹生产经营安全规定》《尾矿库安全监督管理规定》等54部

部门规章以及安全生产地方政府规章为主体的安全生产法律体系。常用技术标准有《建筑设计防火规范》(GB 50016—2014（2018 年版))、《建筑采光设计标准》(GB/T 50033—2013)、《建筑照明设计标准》(GB 50034—2013)、《建筑物防雷设计规范》(GB 50057—2010)、《爆炸危险环境电力装置设计规范》(GB 50058—2014)、《建筑电气工程施工质量验收规范》(GB 50303—2015)、《消防应急照明和疏散指示系统》(GB 17945—2010)、《安全色与安全标志》(GB/T 2893.5—2020)、《企业安全生产标准化基本规范》(GB/T 33000—2016) 等。现行法律法规和技术标准，全面涉及企业安全管理、安全培训、应急管理、事故调查等内容，包括行业和重点岗位监管中的各风险领域。

安全生产法律法规和技术标准随着时代的发展，也在不断发展和完善中。安全生产监管必须不断提高和运用法治思维和法治方式，健全安全生产法律法规体系，"立改废释"并举，增强安全生产法治建设的系统性、可操作性。自应急管理部组建以来，一系列全新的政策、法规、保障措施等先后出台，安全生产配套法规和技术标准体系也在加快制定和整合，建立以强制性国家标准为主体的安全生产标准体系，健全在应急管理框架内的安全生产法律法规体系，成为当前及今后一个时期安全生产监管系统的重点工作和任务。

安全生产法律法规及技术标准与安全生产监管的关系表明：监管必须在国家安全生产法律法规和技术标准框架内运行，地方安全生产监督管理部门应把握重点，注重方法，结合实际，对安全生产法律法规和技术标准正确适用，做到精准施策。脱离相关的国家法律法规和技术标准谈安全生产监管将是"空中楼阁"，甚至会走向执法违法的歧途，给党和政府的安全生产监管事业带来重大损失。

五、安全科学技术水平的提高

安全生产监管必须以安全科学技术为基础。安全科学技术及其衍生出的新材料、新工艺、新产品、新设备设施，为安全生产监管提供了技术支撑和本质安全的物质保障基础。安全科学技术水平对安全监管的影响主要表现在以下两个方面。

（1）安全科学技术为安全监管提供了保障。21 世纪，人们更深刻地认识到安全的本质及其变化规律，世界各国都高度重视发展安全技术，实现生产过程的安全系统工程，使技术系统的本质安全提高到理想的水平。

（2）安全科学技术为安全监管提供了理论基础和发展方向。从安全管理的发展轨迹可以看出安全监管与安全科学技术的高度融合，并随安全科学技术的发展而进步。建立在安全管理理论基础上的安全监管方法，也符合这个逻辑。工业革命前，由于受到安全科学技术的限制，人类对安全科学知之甚少，人类安全理论具有宿命论和被动型的特征；工业革命的爆发至20世纪初，由于安全技术的发展使人们的安全认识论提高到经验论水平，在事故的策略上有了"事后弥补"的特征，在安全管理理论上有了很大的进步，即从无意识发展到有意识，从被动变为主动；20世纪初至50年代，随着工业社会的发展和技术的不断进步，人类的安全认识论进入了系统论阶段；20世纪80年代，随着人类社会信息化浪潮的到来，人类发展了安全风险理论；20世纪末，由于高新技术的不断涌现，如现代军事、宇航技术、核技术的利用以及信息化社会的出现，人类安全科学技术也得到空前发展，安全理论进入了本质论阶段。21世纪安全生产仍然是各国经济稳定发展的重要保障，安全科学技术也会迎来更快速的发展和应用。

六、安全管理科学的发展

安全管理科学是研究包含社会、政府、组织、企业、个人等不同主体的安全生产实践，通过计划、组织、指挥、协调和控制等一系列行为活动，达到减少危害和控制事故，尽量避免生产过程中所造成的人身伤害、财产损失、环境污染以及其他损失目的的过程及其规律的学科。安全管理科学为安全生产监管提供了决策基础，其中安全生产监管理论对地方安全生产监管方法的制定具有直接指导作用，是监管方法产生的理论基础和依据，直接影响监管效果和效率。没有理论支撑的安全生产监管方法是盲目的和主观的，注定会失败，甚至会付出惨重的代价。

第三章 地方安全生产监管方法

本章以安全生产监管方法治理目标为分类标准,研究我国地方适用的几种监管方法。

第一节 加强安全生产责任制

健全落实安全生产责任制是《意见》的具体要求之一,是新时期我国安全生产监管工作基本原则的具体执行。落实安全生产责任制主要包括明确地方党委和政府领导责任、明确部门监管责任、严格落实企业主体责任、健全责任考核机制、严格责任追究制度等内容。围绕健全落实安全生产责任制这一中心工作,目前监管方法主要有"一岗双责"监管、网格化监管、闭环监管等。

一、安全生产"一岗双责"监管

"一岗双责"最早出自《国务院关于坚持科学发展安全发展促进安全生产形势持续稳定好转的意见》(国发〔2011〕40号),后在安全生产领域适用,在落实各级党委、政府安全生产责任方面取得了明显的成效。安全生产"一岗双责"监管已成为落实各级党委、政府安全生产责任的基本方法。2021年6月10日,第十三届全国人民代表大会常务委员会第二十九次会议《关于修改〈中华人民共和国安全生产法〉的决定》(第三次修正)在总则第三条增加了"安全生产工作实行管行业必须管安全、管业务必须管安全、管生产经营必须管安全,强化和落实生产经营单位主体责任与政府监管责任"相关内容,作为该种监管方法的直接法律渊源。

(一)安全生产"一岗双责"监管的原理

安全生产"一岗双责"责任制要求明确地方党委和政府领导责任,

坚持党政同责、一岗双责、齐抓共管、失职追责，健全落实安全生产责任体系。"一岗"就是一个领导干部的职务所对应的岗位；"双责"就是一个领导干部既要对所在岗位应当承担的具体业务工作负责，又要对所在岗位应当承担的安全生产责任制负责，也就是一个单位的领导干部应当对这个单位的业务工作和安全生产负双重责任。

"一岗双责"制度要求地方各级党委和政府要始终把安全生产摆在重要位置，加强组织领导。党政主要负责人是本地方安全生产第一责任人，班子其他成员对分管范围内的安全生产工作负领导责任。地方各级安全生产委员会主任由政府主要负责人担任，成员由同级党委和政府及相关部门负责人组成。要求地方各级党委要认真贯彻执行党的安全生产方针，党政同责、齐抓共管，在统揽本地方经济社会发展全局中同步推进安全生产工作，定期研究决定安全生产重大问题。加强安全生产监管机构领导班子、干部队伍建设，严格安全生产履职绩效考核和失职责任追究。

"一岗双责"制度符合安全强制原理之安全责任原则。安全责任原则要求各级组织和个人对应承担的安全职责负责任，履行该安全职责是实现安全的根本保障。责任是指责任主体方对客体方承担必须承担的任务，完成必须完成的使命，做好必须做好的工作。在管理活动中，责任原则是指管理工作必须在合理分工的基础上明确规定组织各级部门和个人必须完成的工作任务和相应的责任。在安全管理活动中，运用责任原则，大力强化安全管理责任建设，建立健全安全管理责任制，构建落实安全管理责任的保障机制，促使安全管理责任主体到位，且强制性地安全问责，奖罚分明，才能推动企业履行应有的社会责任，提高安全监督管理部门的监管力度，激发和引导广大社会成员的责任心。

（二）安全生产"一岗双责"监管的具体内容

1. 强化党政同责，进一步加强党委、政府对安全生产工作的领导

（1）坚持党政同责原则。各级党委、政府共同负有推进安全发展、提升安全生产风险治理能力、促进安全生产形势持续好转的责任，将安全生产工作纳入党委、政府工作重要议事日程，纳入辖区国民经济和社会发展总体布局，坚持与中心工作同谋划、同部署、同落实、同检查、同考核。

（2）强化党委总揽全局的核心作用。各级党委要高度重视安全生产工作，充分发挥领导核心作用，每年至少召开一次党委会议，研究解决安全生产重大问题。完善安全生产考核评价体系，科学设置考核指标。加大安全生产监督力度，落实责任追究、一票否决等制度，督促本级党委部门和下级党委依法履行安全生产工作职责。健全安全生产监管体系，加强安全生产监管机构和队伍建设，选好配强安全生产监督管理部门领导班子和人员。将安全生产纳入社会主义精神文明建设、党风廉政建设、社会治安综合治理等工作体系，并作为领导干部教育培训的重要内容。

（3）落实属地监管责任。基层党委政府要切实加强对安全生产工作的领导，每半年至少召开一次会议专题研究部署安全生产重点工作。建立健全安全生产工作协调机制，及时协调解决重大问题，支持、督促基层政府有关部门依法履行安全生产职责。保障安全生产经费投入，结合实际设立安全生产专项资金，切实加强安全生产基础建设、公共安全治理、宣传教育培训、安全生产执法和重大隐患问题整治等。支持鼓励安全生产科学技术研究和先进适用技术推广应用。健全安全生产应急救援体系，加强应急救援能力建设，制定完善应急救援预案，定期组织应急救援演练，领导和组织事故应急救援工作。积极配合或组织生产安全事故调查处理工作，及时公布处理结果，督促有关部门和单位认真落实事故调查处理意见与整改措施。依法严格履行安全生产属地监管职责，对辖区内各类企业实施严格的监督检查，认真组织打击安全生产领域非法违法生产经营建设行为。切实加强辖区基层安全生产工作，加强安全生产监督检查，协助上级有关部门依法履行安全监管职责。

2. 坚持齐抓共管，进一步明确党政部门安全生产工作职责

（1）落实党委部门支持和保障责任。各级党委部门要积极履行安全生产工作职责，支持政府及其有关部门做好安全生产工作，共同推进安全发展。组织部门要重视加强安全生产监督管理部门领导班子的建设，注重培养选拔优秀干部担任安全生产监督管理部门领导职务；将安全生产知识纳入党校等培训内容；提升领导干部抓安全促发展的能力。宣传部门要配合安全生产监督管理部门组织协调新闻媒体加强对安全生产法律法规、安全生产知识等的公益宣传，完善生产安全事故新闻发布机制，及时发布权威信息，做好生产安全事故和突发事件舆论引导工作。纪检

部门要会同有关部门加强对安全生产责任制落实情况的监督检查，督促有关部门查处违反安全生产法律法规行为。工会要依法组织职工参与本单位安全生产工作的民主管理和民主监督，督促落实安全生产责任制。其他党委部门和群团组织要积极支持安全生产工作。

（2）落实政府部门安全生产监管责任。各级政府部门要按照管行业必须管安全、管业务必须管安全、管生产经营必须管安全的要求，加强安全生产机构和队伍建设，完善安全生产工作机制，依照法律法规和有关规定在各自职责范围内对有关行业领域安全生产工作实施监督管理，督促企业落实安全生产主体责任；将安全生产作为部门工作的重要内容，明确部门领导班子中具体分管安全生产工作的成员，明确内设机构具体承担的安全生产相关工作，在人、财、物、信息等方面为安全生产监督管理提供有力保障；推行安全生产责任保险制度，建立安全生产诚信管理制度和黑名单制度，通过安全生产违法行为信息公告和通报等措施，提高企业违法成本；组织开展本行业领域安全宣传教育、安全生产科技攻关和新技术、新工艺、新材料的推广运用，不断提高企业安全生产水平；加强安全生产应急管理，及时组织本行业、本系统安全生产应急救援演练，按规定开展事故应急处置，参与事故调查工作。

承担行政审批职能的部门在许可和审批过程中要依法依规对涉及安全生产的事项进行严格审查审核，不符合有关法律法规、国家标准或行业标准规定的安全生产条件的，不得批准或验收通过。安全生产行业领域管理部门要在实施业务管理的同时，履行行业领域安全监管职责，掌握本行业领域安全监管现状，认真组织开展本行业领域安全生产专项整治，推进产业结构转型升级，提高行业领域安全生产水平，推进安全生产标准化和事故隐患排查治理建设，加快建立健全相关行业领域安全标准和安全指引体系，建立完善风险管控和隐患排查治理双重预防机制。负有安全生产行政执法职责的部门要加强安全生产执法队伍建设，提升执法装备配备水平，保障执法和应急救援车辆配备；对企业执行有关安全生产法律法规、国家标准或行业标准的情况进行严格监督检查，责令其整改事故隐患，纠正违法行为。

（3）强化安全监管部门综合监管责任。各级安全监管部门除履行行业监管职责外，还要代表本级政府履行安全生产综合监管职责，并承担本级安全生产委员会办公室具体工作,负责研究提出安全生产规划、重大政策和重要措施等,指导协调、监督检查同级和下级部门履行安全生产监管职责,依法牵头组织生产安全事故调查处理和结案工作。

(4) 强化安全生产委员会统筹协调和督导作用。各级安全生产委员会要加强统筹协调,研究解决重大安全生产问题;及时组织安全生产督查,检查督导同级和下级党政部门安全生产工作。区安全生产委员会要及时分解下达年度安全生产控制考核指标,组织安全生产责任制考核。

(5) 推动各单位实现安全生产责任全覆盖。各级党政机关直属事业单位和企业要建立健全安全生产责任制,落实安全生产责任,组织动员各方面力量参与、支持和监督安全生产工作。

(三) 安全生产"一岗双责"监管的要求

(1) 落实安全生产"一岗双责"制度。各级党委、政府及其部门领导班子成员在履行岗位业务工作职责的同时,要按照管行业必须管安全、管业务必须管安全、管生产经营必须管安全的要求,履行安全生产工作职责。

(2) 强化党政主要负责人对安全生产工作的领导。各级党委主要负责人对本地方安全生产工作负总责,区政府、各街道办事处及其部门主要负责人履行本地方、本部门安全生产第一责任人责任。各级党委、政府及其部门主要负责人要亲自抓安全生产工作,及时研究安全生产体制机制、队伍建设、宣传教育培训、责任制考核等安全生产重大问题;监督检查安全生产工作,及时掌握情况、发现问题,督促下级单位和有关人员认真履行安全生产职责,推动安全生产各项工作。

(3) 落实党政副职领导安全生产责任。各级党委、政府及其部门副职领导要抓好分管部门或分管行业领域安全生产法律法规和决策部署的贯彻落实,定期研究部署安全生产工作,及时提请本级党委、政府或部门研究安全生产重大问题,督促指导分管部门和单位认真履行安全监管职责,推动安全生产行政执法、隐患排查治理等重点工作,认真做好事故抢险和善后处理工作。

(4) 明确岗位安全生产责任。各级党委、政府及部门要明确本单位各工作岗位应承担的安全生产工作职责,加强安全生产履职评估,杜绝责任盲区。各级党政领导干部要牢固树立安全生产责任意识、担当意识和大局意识,增强抓安全生产工作的能力,认真抓好业务工作对应的安全生产工作。

(四) 落实安全生产"一岗双责"监管的保障措施

(1) 实行安全生产责任书制度。各级党委、政府每年要与下级党委、政府以及本级政府有关部门签订安全生产责任书,明确安全生产责任目标和工作要求。

(2) 实行安全检查计划制度。各级政府、各行业监管部门、各生产经营单位要结合工作实际制定全年执法检查或监督检查计划,并严格按照检查计划开展安全检查工作。

(3) 实行安全生产责任制考核制度。各级党委、政府定期对本级部门以及下级党委、政府安全生产责任制和重点工作完成情况进行考核,考核要坚持过程考核和结果考核相结合、重点工作与整体工作相结合。对取得显著成绩的单位和个人依照有关规定给予激励,对责任不落实、工作不到位的单位和个人依法依规进行惩处,引导和激励考核对象重视安全生产工作,认真履行安全生产职责。

(4) 实行党政领导干部挂点包点抓安全生产工作制度。各级党委、政府要明确本级党政领导干部挂点包点抓安全生产工作职责,定期督促指导下级单位认真开展安全生产工作,协调解决下级单位在安全生产工作中遇到的问题和困难,监督下级单位切实加大隐患排查整治力度,落实各项事故防范措施。

(5) 实行安全生产失职追究制度。各级党委、政府及其部门以及各级领导干部未认真履行安全生产职责,导致管辖范围内发生安全生产责任事故并造成人员伤亡、重大损失或严重影响的,根据事故调查处理结论,由纪检、监察机关给予通报批评或相应处分;涉嫌犯罪的,移送司法机关依法追究相关责任人刑事责任。纪检、监察机关要强化执纪监督问责,督促各级党委、政府及其部门的领导干部、工作人员认真履行安全生产职责。

(6) 实行安全生产"一票否决"制度。各级党委、政府要严格实行安全生产"一票否决"制度。对年度安全生产责任制考核等级为不称职,或1年内发生1起以上、较大以上生产安全责任事故,或在发生事故后迟报、漏报、瞒报事故信息,应急救援和善后处置不力的街道以及行业监管部门,自事故发生或考核结果公布之日起1年内,所在党委、政府以及所涉及的行业监管部门、团体、企事业单位或其他组织的主要负责人、安全生产分管负责人、直接责任人和相关责任人年度考核不得评为优秀等次,不得提拔任用,不得参加各类荣誉称号及表彰奖励的评选。

(7) 实行安全生产教育培训制度。各级党委、政府领导班子成员要高度重视安全生产法律法规和制度培训工作,定期安排专题学习。各级党校、行政学校要将安全生产列入干部培训的内容,提高干部履行安全生产"一岗双责"的能力。

(8) 实行安全生产约谈制度。凡被安全生产"一票否决";或未落实国家、省、市和区安全生产工作有关部署;或本行业领域、本辖区事故频发,安全生产形势严峻;或发生社会影响大、舆论关注度高的生产安全事故;或存在重大安全隐患和安全生产突出问题,经上级督办或媒体曝光后未能及时有效治理的政府和有关部门,上级政府主要负责人或分管负责人要对其党政领导班子有关责任人进行诫勉谈话,分析安全生产工作存在的问题,提出整改要求,督促责任落实。

"一岗双责"作为落实各级党委、政府安全生产责任方面的"法宝",已成为落实各级党委、政府安全生产责任的基本方法,将长期在安全生产监管实践中严格执行。

【"一岗双责"监管范例】

范例一:甘肃省细化安全生产"党政同责、一岗双责"考核标准

2014年12月中共甘肃省委办公厅、甘肃省人民政府办公厅下发《甘肃省安全生产"党政同责、一岗双责"制度实施细则》,将各级党委、政府和生产经营单位安全生产"党政同责、一岗双责"落实情况纳入年度目标责任考核,细化考核标准,严格奖惩措施。

《甘肃省安全生产"党政同责、一岗双责"制度实施细则》指出,各级领导干部既要对所在岗位的业务工作负责,义要对本岗位职责范围内的安全生产工作负责。各级党委、政府及其有关部门、生产经营单位主要负责人同为本地方、部门、行业、单位安全生产工作的第一责任人;

分管（联系）安全生产的负责人是安全生产工作的具体管理责任人，对分管领域安全生产工作负直接领导责任；其他负责人是分管领域安全生产工作的直接责任人。各级督查部门将"党政同责、一岗双责"落实情况列入年度重点督查范围，定期对同级部门和下级党委、政府进行专项督查，结果报告同级党委、政府和组织部门。在事故查处上坚持党政同责，凡安全生产工作推进不力或发生生产安全事故的，要严肃追究事故当地党政主要负责人的领导责任。

资料来源：https：//www.163.com/news/article/AD3F4NOQ00014Q4P.html。

范例二：合肥高新区多措并举落实安全生产"党政同责、一岗双责"制度

合肥高新区多措并举落实安全生产"党政同责、一岗双责"制度，细化举措推进安全生产工作。

一是实现了安全生产"党政同责"的全覆盖。出台了《合肥高新区关于建立安全生产"党政同责一岗双责"工作机制的通知》，进一步明确和落实工委、管委会及其工作部门和党政领导干部的安全生产职责。将安全生产工作纳入工作委员会、管理委员会的总体工作目标，切实解决安全生产体制机制、班子队伍建设、目标管理考核、责任追究等方面的重大事项，构建"党委统一领导、行政机关依法管理、企业全面负责、职工积极参与、社会支持监督"的安全生产工作格局。

二是实现了安全生产"一岗双责"的全覆盖。制定了《合肥高新区安全生产职责规定》，明确了管理委员会主要负责人是开发区安全生产管理的第一责任人，对区内安全生产工作负全面领导责任；管理委员会分管安全生产工作的负责人，对全区安全生产工作负分管领导责任；管理委员会分管其他方面工作的领导，对其分管工作中涉及的安全生产事项负有分管领导责任；负有安全生产监管职责的单位和部门党政主要负责人是本部门、本行业安全生产工作的第一责任人，要按照"谁主管、谁负责""管行业必须管安全、管业务必须管安全、管生产经营必须管安全"的规定，对本部门、本行业职责范围内的安全生产工作负全面领导责任。

三是进一步强化了党政一把手任安全生产委员会主任的工作机制。

为落实安全生产"党政同责、一岗双责、齐抓共管"的责任体系,根据高新区实际,出台了《关于调整合肥高新区安全生产委员会成员的通知》,及时将组织、纪检部门充实到安全生产委员会成员单位,延续了由工作委员会、管理委员会主要领导任区安全生产委员会主任的工作机制。

四是建立了工作委员会、管理委员会领导定期召开安委会、定期带队督查安全生产长效机制。工作委员会、管理委员会主要领导每季度至少召开一次安委会会议,听取工作汇报,研究解决安全生产重要事项。在"两节"、高温、"国庆"等重点时段亲自部署、亲自带队督查安全生产工作。

五是建立了安全生产责任追究制度。出台《合肥高新区安全生产问责办法》,规定安全生产责任单位或责任人对所辖范围的安全生产工作由于不履行或不正确履行职责,导致发生生产安全事故或造成不良社会影响和后果的行为,对有关单位和人员实行责任追究。

六是出台《合肥高新区党政领导干部安全生产责任制实施细则》。明确了工作委员会、管理委员会主要负责人是本地方安全生产第一责任人,工作委员会、管理委员会其他领导按照职责分工对分管领域的安全生产工作负分管领导责任,由担任工作委员的管理委员会领导分管安全生产工作。并对工作委员会、管理委员会各部门,特设机构领导班子成员的安全生产职责、考核考察、表彰奖励、责任追究作出具体规定。

资料来源:http://www.aqsc.cn/news/201908/27/c113039.html。

范例三:云南强调落实领导干部安全生产"一岗双责"责任制

2011年11月14日,云南省政府出台《关于进一步加强安全生产工作的决定》(以下简称《决定》),对安全生产工作提出一系列明确要求,着重强调全面落实领导干部安全生产"一岗双责"责任制。

《决定》对全面落实领导干部安全生产"一岗双责"提出更加严格的要求:州(市)、县(市、区)安全生产委员会主任必须由人民政府主要领导担任,必须由常务副职分管安全生产工作。各级政府要建立安全生产执法机构,配强执法队伍,配齐执法装备。其中,乡(镇)、经济开发区、工业园区、重点建设项目必须建立安全生产监管站,配备专(兼)职安全生产监管人员。

《决定》提出，经考核年度安全生产工作不合格的州（市）、部门和企事业单位，实行安全生产"一票否决"，被"一票否决"的单位当年不得参加评优评先，其主要负责人和事故发生领域分管负责人当年不得参加评优评先、1年之内不得提拔。国有、国有控股企业发生重特大生产安全事故的，对其法人代表一律先免职后查处，对负直接责任的，给予免职或撤职处分；对因工作不落实、工作措施不到位而造成生产安全事故的，依法追究相关责任人责任。非公企业发生重特大生产安全事故的，对其法人代表、实际控制人依照《生产安全事故报告和调查处理条例》规定的上限进行处罚。对因违法行政、失职渎职导致发生生产安全事故的领导干部和有关人员，一律从重处理，构成犯罪的，依法追究刑事责任。严格事前责任追究，对拒不执行上级有关安全生产的决定，或不能全面履行安全生产监管职责的各级政府、部门和企业负责人，进行严肃处理。

资料来源：http://www.gov.cn/gzdt/2011-11/18/content_1996945.htm。

二、安全生产网格化监管

为进一步加强基层安全生产，全面提升基层安全生产监管的精细化、信息化和社会化水平，落实安全生产责任制，明确部门和行业各工作职责，近年来，我国部分地方实施了基层安全生产网格化监管。该监管方法使安全生产监管体系延伸到最基层，打通了安全生产监管"最后一公里"，增强了安全生产监管效能，对于缓解基层安全生产监管任务和监管力量之间的突出矛盾，提升全社会安全生产综合治理能力，构建全覆盖、齐抓共管的安全生产监管工作格局意义重大。

（一）安全生产网格化监管的原理

安全生产网格化监管是指将乡镇（街道）及以下的安全生产监管区域划分成若干网格单元，既厘清单元内对每个监督管理对象负有安全生产监督管理职责的部门，又明确单元内每个监督管理对象对应的安全生产网格管理员（以下简称网格员），通过加强信息化管理，实现负有安全生产监管职责的部门与网格员的互联互通、互为补充、有机结合，从而落实网格监管责任的一种安全生产监管方式。安全生产网格化监管是现有安全生产监管工作在基层的延伸，充分发挥网格员的"信息员"和"宣传员"等作用，有利于协助负有安全生产监督管理职责的部门实现对基层安全生产工作的动态监管、源头治理和前端处理。这一监管办法是在《关于推进安全生产领域改革发展的意见》出台后，全国部分地方为进一步夯实安全生产监管的基层基础，根据《关于推进安全生产领域改革发展的意见》的有关精神，自觉地进行了建设与推动。安全生产网格化监管分解落实了安全生产监管责任制，强化了基层安全生产监管工作，推动并建立了安全生产监管长效机制，解决了安全生产管理中的薄弱环节和突出问题，取得了良好的监管效果。2017年国务院安全生产委员会办公室印发《关于加强基层安全生产网格化监管工作的指导意见》（安委办〔2017〕30号），对该监管方法进行了推广和运用。

安全生产网格化监管符合安全人本原理之能级原则。安全生产网格化监管充分发挥了专职安全生产监督检查员队伍在基层安全生产巡查监管中的职能作用，完善了网格内"全覆盖、无缝隙"的安全生产监管责任体系，落实了属地网格监管责任，通过明确基层安全生产监管职责边界，运用安全生产监管的信息化、专业化、精细化的手段，推动实现各网格内基层安全监管力量、资源的有机整合和统一调度，实现了安全生产管理信息整合共享，是安全人本原理之能级原则的具体运用。目前，该监管方法已在全国大部分地方适用，取得了良好的监管效果。

（二）安全生产网格化监管的内容

安全生产网格化监管在划分网格的基础上，既要明确单元内负有安全生产监督管理职责的部门的工作职责，又要明确网格员的工作内容。

1. 安全生产监管网格划分原则

安全生产监管网格作为基层安全生产监管的最小管理单元，按照"依托既有网格，注重条块结合，合理匹配监管任务与监管力量"的原则划分配置。其一，根据《关于加强和完善城乡社区治理的意见》中关于拓展网格化服务管理的要求，最大限度地协调利用社会管理综合治理网格或其他既有网格资源，积极推动安全生产网格与既有网格资源在队伍建设、工作机制、工作绩效、信息平台等方面的融合对接。注重发挥居民委员会、村民委员会等基层群众性自治组织在发现生产经营单位事故隐患或安全违法行为中的作用，加强信息沟通联系，形成工作合力。其二，单独组建网格时，原则上以乡镇（街道）、村（社区）为基本单位（即平面辖区的"块"），根据辖区内的监督管理对象情况，划分为若干个安全生产监管网格。以县级人民政府负有安全生产监督管理职责的部门为主线（即纵向监管的"条"），厘清网格内每个监督管理对象对应的负有安全生产监督管理职责的部门。其三，每个网格的划定，具体可综合辖区历史沿革、地理位置、网格面积大小、监管对象数量、监管任务量等因素加以确定，可以视具体情况决定是否跨社区加以划定。如网格划定与特定社区区划相对应、相衔接的，可以将特定社区划定为一个或多个网格。网格的划分应确保各网格之间无缝对接，辖区内的所有直接监管对象均应纳入网格化管理，不留监管死角和盲区。纳入网格的监管对象主要为各级安全生产监督管理部门直接监管的且有实际开展生产经营活动的单位，主要包括：工商贸企业，危险化学品生产、经营企业，以及经营危险化学品的小档口、从事生产加工活动的小作坊等部分需要安全生产监督管理部门直接监管的"三小场所"（小商铺、小作坊、小娱乐场所）等。对于规模大、规格高、安全风险高或与基层监管力量不匹配的生产经营单位，可由县级以上负有安全生产监督管理职责的部门直接监管，不纳入基层安全生产网格化监管的范围。

2. 属地监管和相关部门的工作任务

（1）属地监管工作任务。各地方要认真落实安全生产属地监管责任，将基层安全生产网格化监管工作纳入安全生产工作重要内容。对基层安全生产网格化监管工作进行总体部署，结合既有网格情况，明确基层安全生产网格化监管工作的牵头部门和配合部门，并制订实施方案；厘清网格员与基层安全生产监督管理部门、派出机构（如部分乡镇安监站等）的关系；协调解决人员、经费等问题；加强基层安全生产网格监管信息化建设，为基层安全生产网格化监管工作的顺利开展提供保障。

（2）牵头部门工作任务。制订基层安全生产网格化监管工作实施方案，牵头编制基层安全生产网格化监管示意图，明确各网格的网格员、安全监管责任人和联系负责人。根据网格内监督管理对象的情况，牵头编制《基层安全生产网格化监管工作手册》等实用性强的工作规范和标准。制作网格员明白卡，明确网格员工作任务和报告方式；对网格员上报的信息进行汇总和分类处置。对属于牵头部门监督管理职责范围内的安全生产非法、违法行为依法依规进行处置；对属于配合部门职责范围内的安全生产非法、违法行为，交由其进行处置；协调解决基层安全生产网格化监管工作中遇到的问题。

（3）基层安全生产网格化监管工作配合部门的工作任务，包括确定专人配合牵头部门编制《基层安全生产网格化监管工作实施方案》和《基层安全生产网格化监管示意图》。按照牵头部门要求，配合编制《基层安全生产网格化监管工作手册》等实用性强的工作规范和标准；根据本部门职责，对网格员上报或牵头部门交办的安全生产非法、违法行为依法依规进行处置；配合牵头部门，解决基层安全生产网格化监管工作中遇到的问题。

3. 网格员的工作任务

网格员主要履行"信息员""宣传员"的工作任务：根据《基层安全生产网格化监管工作手册》要求，重点面向基层企业、"三小场所"、家庭户等查看非法生产情况并及时报告；协助配合有关部门做好安全检查和执法工作，应充分发挥专职安全员队伍在基层安全隐患排查、监管执法中的作用；向监督管理对象送达最新的文件资料；面向监督管理对象和社会公众积极宣传安全生产法律法规和安全生产知识等。在网格员队伍之外，各单位应当保留并集中掌握一定比例的专职安全员机动力量，可具体承担飞行检查、跨网格检查、督查督办等管理任务，有效弥补网格化管理难以覆盖的管理难题。

（三）安全生产网格化监管的要求

成功的经验证明，要采取多措并举，齐抓共管，才能确保基层安全生产网格化监管高效运行。具体要求包括以下几点。

（1）加强组织领导。各地方安全生产委员会要加强对基层安全生产网格化监管工作的组织领导，形成层层抓落实的工作格局。要坚持因地制宜的原则，健全完善相关制度措施，逐步实现基层安全生产网格化监管工作全覆盖，不断推动基层安全生产网格化监管工作的规范化、长效化。

（2）加强待遇保障。各地方要结合本地经济发展水平和对网格员的职责要求，合理确定网格员待遇，配备必需的防护用品，实现"责、权、利"相统一，确保其待遇水平和防护水平与工作任务及危险性相适应。完善网格员信息采集上报"以奖代补"奖励机制，充分调动网格员采集信息的积极性。

（3）抓好业务培训。各地方要按照"先培训后上岗"的原则，由牵头部门做好网格员集中培训工作，使网格员会检查、会记录、会报告。同时，配合部门要将网格员培训纳入年度培训计划，定期组织培训，持续提高网格员发现问题的能力。创新培训手段，通过安全生产执法现场观摩、以会代训、技能比武等多种方式，进一步提升网格员的业务素质。加强网格员保密教育，防止向外界泄露所负责网格内的重要数据信息或企业的商业秘密、技术秘密等。

（4）建立常态化运行和考核机制。牵头部门要研究制定网格员日常巡查、信息报告等网格运行配套管理制度，建立健全监督管理对象动态监管档案，实现全过程留痕。建立健全基层安全生产网格化监管工作考核机制，鼓励将考核情况与网格员待遇挂钩，充分调动网格员工作积极性。

（5）强化典型引路。各地方要立足自身实际，坚持试点先行、循序渐进、注重实效。要不断总结推广试点地方的创新举措和鲜活经验，以点带面，指导并推动工作全面开展，实现顶层设计与基层实践的有机结合。地方安全生产委员会办公室应适时选取一批典型做法，在全国范围内进行经验推广。

（6）要大力推进隐患排查整治与执法监察一体化，确保重大事故隐患能第一时间得到有效处置，安全生产违法行为能及时得到查处，推动实现网格内隐患"排查＋整治"的闭环管理，提升网格内巡查监管的效果，强化巡查监管的威慑力。

经过几年的实践，安全生产网格化监管不断夯实了地方安全生产监管的基层基础，为促进地方安全生产状况持续好转提供了坚实的基础支撑和制度保障。

（四）安全生产网格化监管的信息管理

安全生产网格化监管要突出信息化建设。牵头部门要充分利用信息化技术，搭建或融入既有网格化监管工作信息平台，推动安全生产信息采集录入和动态更新、事件派送交办、现场处置、结果反馈、治理复查等事项的信息化管理。强化信息前端采集工作管理，实现问题早发现、信息早报告、隐患早治理、复查早提醒。建立健全信息安全保障体系，实行信息使用分级管理与授权准入，确保信息安全。条件允许的地方可制作"网格化监管电子地图"，提高网格化监管的专业性和实践中的可操作性。地图内应包括网格管理员基本情况、工作统计、工作轨迹、监管对象基本情况等内容。安全生产管理网格实行统一编号管理，汇总在电子地图上呈现。具体编号格式可根据地方实际情况进行编排，统一编号、登记造册，实行统一编号管理。已建设"应急管理综合信息系统"的地方，可充分运用系统，融入"网格化监管电子地图"，整合网格划分、人员配备、监管对象、隐患治理等网格信息，并利用信息系统提供的功能开展安全巡查和执法。以科技化、信息化手段，提升安全生产网格巡查、执法的规范化水平，提高监管工作质量和效率。

【网格化监管范例】

范例一：河北邯郸市全面实行安全生产网格化管理

为深入贯彻落实《关于推进安全生产领域改革发展的意见》和《河北省安全生产条例》，2017年开始邯郸市积极探索和推动安全生产网格化管理，按照"属地管理、行业监管、分级负责、权责相当"的原则，设置了市、县、乡、村四级网格，一方面将属地、行业和生产经营单位作为单元网格，在单元网格之间建立一种监督和管理相互交叉、有机结合、相互弥补的形式，使各网格之间能有效地进行信息交流，资源共享；一方面通过构建"横向到边、纵向到底"的责任体系，形成涵盖各方面监管内容的立体网格，达到网中有格、格中有人、人人有责，实现了安全生产监管的立体化、全面化、层次化。主要措施如下。

全市实行安全生产网格长负责制，各级行政主要领导任网格长，其他分管领导为直接责任人，安全处（科）负责人是具体监管责任人。全市每一个区域、每一个场所、每个车间班组、每个设备设施、每个工艺流程，都有安全生产责任人，形成"一网多格、一格多员、全员参与、责任到人、逐级负责"的动态管理模式。

实行网格化管理的部门和企业，必须达到"十有"标准，即：有网格化管理实施方案、有网格化管理领导小组、有网格化管理示意图、有网格化管理运行图、有重点企业分布图、有专门办公场所、有网格化管理制度、有隐患排查治理台账、有互联网终端、有生产经营单位档案；安全监管必须达到"五全"，即：监管区域全覆盖、生产经营单位全监管、重点监管内容全纳入、日常监管任务全完成、检查信息全记录。

通过实施网格化管理，使各级责任更加明晰，实现了区域和行业间安全管理的无缝对接，特别是智慧安监信息平台的应用，进一步提高了安全生产管理的信息化。

资料来源：http：//www.aqsc.cn/news/201708/04/c19948.html。

范例二：深圳市安监局组织召开安全生产网格化管理工作推进会

为加快推进全市安全生产网格化管理工作，2017年9月，深圳市安全生产监督管理局组织召开全市安全生产网格化管理工作推进会，深圳市安全生产监督管理局及各区（新区）安全生产监督管理局主要负责同志参加会议。

会上，深圳市安全生产监督管理局执法监察处主要负责同志介绍了全市安全生产网格划分和电子地图绘制等工作进展情况，并结合盐田区网格化建设试点工作的主要做法及其成效，提出了下一步全市安全生产网格化建设工作建议。

随后，深圳市安全生产监督管理局同志结合近期工作提出具体要求：一是网格化建设等安全生产信息化工作必须纳入"一把手工程"。各区（新区）局务必高度重视，根据市局统一部署持续推进信息化建设，不断加强经验总结，切实强化安全生产信息化应用水平；二是要狠抓安监队伍建设。加强监管执法人员业务培训和日常考核，切实提升安监队伍履职能力和业务水平；三是要加大安全中介服务机构的监管力度，坚决查处影响安全生产专业技术服务行业健康有序发展的违法违规行为。通过强化监管，加大执法力度，加强典型违法案例警示教育等，不断规范安全生产专业技术服务。

最后,深圳市安全生产监督管理局主要负责人对全市安全生产网格化管理等工作作出重要指示:一是安全生产网格化管理是进一步夯实安全监管基层基础的一项重要工作。市局承办处室要尽快下发通知督促各区按照会议精神落实网格化建设各项部署,各区(新区)局要按市局部署认真抓好落实,确保在11月中旬前完成本辖区网格化建设,确保全市安全生产网格化管理信息化模块如期上线运行;二是各区(新区)局主要负责同志要高度重视网格化建设等安全生产信息化工作,要将信息化工作作为"一把手工程"亲自抓,定期听取信息化建设和应用进展情况汇报,并着重抓好信息化的应用工作。通过信息化手段及时掌握安全生产主要业务情况,创新监管方式方法,不断提高决策水平;三是各区局务必坚定不移地推进安全生产网格化建设和应用,通过网格化管理聚焦安全生产监管主业,进一步细化落实安全监管责任,切实提升安全生产的专业化、精细化管理水平。

资料来源:http://www.dutencws.com/anjian/p/72369.html。

范例三:江苏省宿迁市加快推进基层安全生产网格化监管工作

安全生产关系社会稳定。如何健全完善覆盖到所有生产经营单位的安全生产监管体系,推动安全生产监管工作关口前移、重心下移?江苏省宿迁市安全生产委员会专门制发了《宿迁市加强基层安全生产网格化监管工作的实施方案》,对全市基层安全生产网格化监管工作进行部署。

基层安全生产网格化监管是指融合和利用社会治理综治系统,通过县(区)、乡镇(街道)、开发区(园区及各类功能区)、村(社区)网格化服务管理办公室(以下简称网格办),将网格员通过全要素网格上报的有关安全生产信息数据进行流转处置,协助负有安全生产监督管理职责的部门与网格员信息互联互通、互为补充,实现对基层安全生产工作的动态监管、源头治理和前端处理。

县(区、市各开发区、新区、园区)安全生产委员会办公室将牵头负责基层安全生产网格化监管工作,各地、各有关部门结合既有网格,明确基层安全生产网格化监管工作的牵头部门和配合部门。基层安全生产网格化监管工作牵头和配合部门按照工作任务分工,制定基层安全生产网格化监管工作实施方案,编制基层安全生产网格化监管示意图,明确各网格的网格员、安全监管责任人和联系负责人。根据网格内监督管理对象的情况,编制《基层安全生产网格化监管工作手册》等实用性强的工作规范和标准。同时,依托县(区、市各开发区、新区、园区)、乡镇(街道)网格办,对网格员通过全要素网格上报的信息进行汇总、流转、处置。按照因地制宜的原则,选取安全生产网格化工作开展好的乡镇(街道)、开发区(园区及各类功能区),开展试点创建工作,探索基层安全生产网格化监管工作规范化、长效化的好经验、好做法,进一步健全完善相关制度措施。对辖区网格员集中进行培训,使网格员会检查、会记录、会报告。

到2018年底,宿迁市将初步建立普遍适用、运行有效、覆盖所有乡镇(街道)、开发区(园区及各类功能区)、村(社区)和生产经营单位的基层安全生产网格化监管体系,实现与社会治理综合网格一体化运行;2019年底,全面建成高效运行的基层安全生产网格化工作机制,实现网格统一规划、职责统一明确、人员统一配备、考核统一组织、经费统一保障的目标。

资料来源:http://k.sina.com.cn/article_2056346650_7a915c1a02000k9xw.html。

三、安全生产闭环循环监管

闭环管理是在相对封闭的系统内,运用闭环管理相关理论,对系统内管理的主体、对象、信息等元素进行控制所形成的一种管理方法。闭环管理模式强调有规划、有布置、有落实、有检查、有反馈、有改进,形成一个闭合发展的圈子,不断循环向上,做到有始有终,确保绩效。该理论运用于企业管理,是将企业的供—产—销整个管理过程作为一个闭环系统,并把该系统中的各项专业管理,如物资供应、成本、销售、质量、人事、安全等作为闭环子系统,使系统和子系统内的管理构成连续封闭的回路且使系统活动维持在一个平衡点上;另外面对变化的客观实际,进行灵敏、正确有力的信息反馈并作出相应变革,使矛盾和问题得到及时解决,决策、控制、反馈、再决策、再控制、再反馈……从而在循环积累中不断提高，促进企业超越自我、不断发展。该理论运用于安全生产监管就是安全生产闭环循环监管。

（一）安全生产闭环循环监管的原理

安全生产闭环循环监管是将监管过程设定在一个相对封闭的系统内，使安全生产隐患及时得到整改，安全管理问题也会得到及时解决。安全生产监管领域推行闭环循环监管的目的是落实安全生产责任制，通过建立全过程安全生产管理制度，使安全责任执行到位，并实现全过程责任追溯。

近年来，这种监管方法广泛运用于安全生产监管各个环节，在消除安全隐患，提升生产经营单位管理能力上取得了良好效果。该监管方法强调首先要对隐患突出的点、线、面作出科学评估，从而掌握隐患的基本情况；其次要及时进行排查、整改、复查，复查不合格进入行政处罚环节，目的是运用执法手段确保隐患整改彻底；最后适时开展"回头看"活动，并开展下一轮整治行动，不断循环，实现提高地方安全生产管理水平的目标。

闭环循环监管符合安全生产系统原理之封闭原则。安全生产管理系统是生产管理的一个子系统，包括各级安全管理人员、安全防护设备与设施、安全管理规章制度、安全生产操作规范和规程以及安全生产管理信息等。安全贯穿于生产活动的方方面面，安全生产管理是全方位、全天候且涉及全体人员的管理。封闭原则认为在任何一个管理系统内部，管理手段、管理过程等必须构成一个连续封闭的回路，才能形成有效的管理活动。封闭原则告诉我们，在企业安全生产中，各管理机构之间、各种管理制度和方法之间，必须具有紧密的联系，形成相互制约的回路，才能有效监管。

（二）安全生产闭环循环监管的内容

依据闭环管理原理所确定的闭环管理程序是首先确立控制标准；其次评定活动成效；最后纠正错误，消除偏离标准和计划的情况。安全生产监管运行过程是一个连续不断的过程，监督生产经营单位发现隐患、现场整改、安全管理是这个过程的三个阶段。它们相互依存、相互制约，使企业良好运行。在运行过程中，人的安全素质、机器设备的安全性能、环境的安全程度得到提升。基于此，我们应该围绕这三个阶段，制定安全生产闭环循环监管的内容。

（1）引导地方全面进行安全生产隐患排查，发现隐患，明确监管目标，明确责任，确立控制标准。安全生产闭环循环监管可以针对地方某一行业或某一领域，也可以针对特定的岗位。通过全面的安全生产隐患排查，可以找出地方或行业、岗位具共性的隐患，此时政府监管力量应有所察觉，应集中进行整治，予以消除。接下来应进一步细化，明确部门和监管岗位的安全监管责任。这也是安全生产闭环循环监管的重点，如重大安全隐患如何发现、整改工作由哪个部门或人员去监督、整改标准、完成时间、整改效果、存在什么问题或取得什么经验等。所有这些都要有完整的记录和信息反馈，形成封闭的整治系统，做到有始有终，杜绝同一性质的安全隐患再度发生，使安全生产闭环循环监管水平在循环中产生质的飞跃，每循环一次，地方某一领域安全水平上一个台阶。

（2）进行安全生产闭环循环监管规划。在前期分析和判断的基础上，安全生产监督管理部门要运用闭环循环监管理论和方法，部署和设计出应对未来一段时间内地方产业发展的安全监管方法，这项工作就是安全生产闭环循环监管规划。它的目的是通过对安全形式的判断，为未来选择合适的安全发展道路，从而找出科学的安全生产监管方法。它意味着监管者开始摆脱责任不明、任务不清、安全监管水平低水平循环的监管模式，避免了在安全生产监管领域再犯重复的错误，谋划出未来安全生产监管新思路和新方法。规划必须包含行业适用的安全管理措施、监管目标、监管方案、监管的管控与目标评估、纠正错误及消除偏离标准和计划的手段等几个方面，其终极目的就是避免因同样的原因再次造成隐患或事故。

（3）安全生产闭环循环监管的形成。安全生产闭环循环监管适用一般安全监管方法的制定程序，但要注重将监管的目标、策略、资源以及行政过程连接起来，并将这些决定监管前途的重要变量都明确化，并且受到持续地跟踪管理，适时予以修正。安全生产闭环循环监管的核心内容是明确监管责任，要明确有关部门和监管人员的安全生产监管责任，既做到各司其职又做到互相支持，监管过程做到协调配合，确保监管的连续、稳定、均衡。同时应注意,在监管政策出台初期,因固有的老方法、老经验和保守思维的束缚,监管效果会不明显,此时要增强信心,不能半途而废。特别是隐患整改环节,会遇到企业安全生产投入、企业生产环境、历史遗留等因素影响。"隐患不除,责任不消"是闭环循环监管的精髓,只要责任明确,形成闭环,因地制宜,不断改进,就可以达到相应的监管效果,这正是闭环循环监管的生命力所在。同时在监管政策出台中后期,监管效果可能会时好时坏,此时要实事求是,对政策执行情况进行反馈,并适时予以调整。

(4) 进行安全生产管理培训,加强监管人员闭环循环监管的意识,提高监管水平。培训内容主要包括出台的安全生产闭环循环监管规定、安全生产工作规定、安全隐患排查治理方法、事故调查规程等,确保安全生产闭环循环监管能正确执行。企业层面,要在管理人员和员工安全培训的内容中增加政府安全生产闭环循环监管的内容,包括安全生产规程、企业形成闭环循环安全管理的企业文化等。企业安全培训实施得好坏直接关系到政府闭环循环监管的效果,因为政府监管最终还是要落实到企业完成隐患整改,达到改进安全管理的目标。当然安全培训要了解受训员工文化素质,以他们的接受能力来确定培训的难易程度;培训内容应偏重于实际操作,理论知识为辅;要熟悉受训人员的现场工作等实际情况,培训内容针对性要强。

(三) 安全生产闭环循环监管的要求

安全生产闭环循环监管中的闭环是为解决安全生产隐患和安全管理上的缺陷,循环是为在反复运动中得到螺旋式的提高。安全生产闭环循环监管的主要要求如下。

(1) 坚持系统整体性。在运行阶段,强调局部服从全局,确保安全生产总目标的实现;一个周期完成后,要进行总结和评价,对不符合要求的要坚决予以整改,对完成规定任务的要提出表扬,起到良好示范作用。

(2) 高质量排查出安全隐患。认真对照现有的安全生产行业标准和国家标准,根据《生产安全事故隐患排查治理暂行规定》(国家安全生产监督管理总局16号令)的要求,进行安全生产隐患排查,不留死角,排查出企业生产过程中存在的安全隐患。

（3）监管过程中要严格按照《企业安全生产标准化基本规范》(GB/T 33000—2016)的要求进行安全生产达标考核，推行班组安全生产标准化工作，通过安全生产隐患排查，消除安全隐患。通过改进安全设备设施和工艺，提高企业生产的安全性。要求企业每年应对各项安全生产制度措施的适宜性、充分性和有效性进行审查，检查安全生产和职业卫生管理目标、指标的完成情况，全面查找安全生产管理中存在的缺陷，及时调整完善相关制度文件和过程管控，持续改进，不断提高安全生产绩效。

（4）明确职责，不留缺口。即什么事情由哪个部门或人员去办、按照什么标准去办、什么时间完成、结果如何、存在什么问题或取得什么经验等整个过程都要有完整的记录和信息反馈。按照封闭循环监管的基本方法，从发现的隐患和事故的后果中找出安全管理各环节中的缺陷，加以封闭，也就是"说到的要写到，写到的要做到，做到的要有记录"。

（5）严格考核。安全生产闭环循环监管与责任挂钩，在制度面前人人平等，严格考核。注意每个环节的细节，找出问题点，进行指导，适时根据考核规定进行批评指正，按照监管要求圆满完成工作任务后实行奖励。对严重违反考核规定的，进行调整或按规定进行内部处罚，造成严重后果或恶劣影响的要追究相关行政和刑事责任。

【闭环循环监管范例】

范例一：四川省强化安全生产监督检查闭环管理 明确五个"百分之百"和八个"一律"工作要求

2016年，四川省安全生产监督管理局印发了《关于加强安全生产监督检查闭环管理的通知》（以下简称《通知》），明确对安全生产监督检查中发现的违法行为实行"指令整改、照单复查、依法处罚、公示公开、规范案卷"的闭环管理，到2017年底前，全省要形成安全生产监督检查完备的制度体系、高效的实施体系和严密的法制监督体系。《通知》提出了规范检查方式、科学检查诊断、依法严格执法、注重检查效果等要求，并明确了完善检查计划、严格执法程序、依法采取措施、强化执法效果、发挥专家作用、保障检查装备、购买技术服务、建立信息系统等八项加强监督检查闭环管理的工作措施。同时，针对全省安全生产监督检查中存在的薄弱环节，提出了五个"百分之百"和八个"一律"的工作要求。五个"百分之百"是指：检查计划执行率达到100%，发现问题处理措施下达率达到100%，问题整改复查率达到100%，依法处罚率达到100%，将安全生产严重违法失信企业按规定纳入"黑名单"管理率达到100%。八个"一律"是指：监督检查中，对发现有现实危险的重大事故隐患和重大非法违法行为，一律依法采取现场强制处置措施；对重大违法行为，法律法规规定可以采取并处措施的，一律采取并处措施；对典型违法行为，在行政处罚权裁量标准内，一律从重处罚；对非法生产经营建设的有关单位和个人，一律按规定上限予以处罚；对存在严重违法生产经营建设的单位，一律依法责令停产整顿，并严格落实监管措施；对非法生产经营建设的单位和经停产整顿仍达不到安全要求的，一律依法提请关闭；对发现的安全生产非法违法行为，超出管辖权限或者有行业主管部门的，一律按规定程序移送有关职能部门处理；对暴力抗拒安全生产行政执法或者涉嫌触犯刑律的有关人员，一律依法移送司法机关处理。

资料来源：http://www.czax.org/info/2016-12-6/11378-1.htm。

范例二：山东省青岛市推进安全生产监管执法流程再造，建立形成新型闭环式监管执法机制

2019年10月，中共青岛市委员会、青岛市人民政府围绕"走在前列、全面开创"的目标定位，推动机关工作流程再造。作为首批推进部门，该市应急管理局将当前工作的痛点作为流程再造的发力点，以安全生产监管执法为主线，开展体制、机制改革，形成了"一三三三"改革方案。其中闭环式监管执法机制创新是指建立形成巡查、执法、督办一体化的新型闭环式监管执法机制。首先要求青岛全市依托各区（市）现有网格化管理体系，推动安全管理纳入其中，将"安全员＋"的安监模式全部铺开。按照安监工作要求，安全员每天对网格内的生产经营单位开展安全巡查，对非法违法生产经营行为和生产安全事故隐患等重要信息及时发现、及时处理，不能当场处理的，实现通过手机APP上报区（市）和镇（街道），完成将隐患录入系统的工作任务。其次企业安全风

险分级管控和隐患排查治理双重预防体系要求企业加强隐患自查。但由于发展阶段不同，很多企业只顾搞生产，安全总是"说起来重要，忙起来忘掉"，更不要说开展隐患自查了。为破解这个"老大难"问题，青岛市应急管理局引入专业的第三方服务机构协助企业排查风险隐患。要求第三方服务机构为企业注明风险等级和对应的管控措施，尤其针对一级、二级的较大风险隐患，必须形成书面报告，手把手教给企业，同时将隐患录入系统。针对企业隐患未整改的情况，企业隐患线索一旦被录入到系统中，就会形成记录。镇街网格员看到后，将到现场了解具体情况，并在系统中作出说明。若企业拒不整改，网格员有权将这条线索提交到下一环节——由区（市）行政执法人员进行行政处罚。行政执法人员将行政处罚结果和企业整改情况录入系统，通过反馈，部门法制监督机构审批结案，完成安全生产闭环式监管整个流程。流程再造是一场刀刃向内、聚焦问题的改革。在未来的探索过程中，青岛市应急管理局将继续找准穴位、大胆改革，以壮士断腕的勇气，坚决打破一切不合时宜的体制壁垒、机制障碍，以工作流程的科学化、制度化、标准化和规范化，推动制度创新取得实质性进展。

资料来源：https://baijiahao.baidu.com/s?id=1653149821626816047。

范例三：四川省合江县九支镇"闭环式"机制提升安全监管工作实效

近年来，四川省合江县九支镇为切实加强安全生产监管，提高工作效率，创新工作模式，从检查记录模式、企业主体整改、安全生产监督管理部门监管三个方面实行"闭环"机制，实现"事事有人管、管理靠闭环、闭环保安全"的安全管理模式，明晰工作流程，确保隐患能在第一时间得到整治，切实提升安全监管工作实效。

检查记录要有"闭环"。年初制定"一岗双责"分工表和网格化管理责任表，每个领导班子成员分发安全生产检查记录本，对各自分管领域安全生产检查每月至少开展一次，检查记录本每月要做到"六有"：即有检查照片、有被检查单位负责人签字及意见、有联系方式、有检查隐患、有整改要求、有信息报道。对于检查到的安全生产隐患，要有隐患整改记录，形成"检查记录→责令限期整改记录→整改结果记录"工作机制。

隐患整改有"闭环"。企业能够立即整改的隐患，确定责任人组织立即整改，整改情况安排专人进行确认；无法立即整改的隐患，按照评估→治理方案论证→资金落实→限期治理→验收评估→销号的工作流程，明确每一工作节点的责任人，实行闭环管理；重大隐患治理工作结束后，企业组织技术人员和专家对隐患治理情况进行验收。督查检查有"闭环"。通过建立健全企业常查、属地普查、部门抽查、政府督查等"四查"常态化督查检查，对排查出来的重大安全隐患，现场下达执法文书，落实应急措施、整改方案、整治单位和责任人、整治经费、完成时限"五落实"，逾期组织现场核查验收，形成"隐患排查→通报公示→跟踪整改→约束问责→整改销号"等闭环机制，坚持每个月排摸一批、分解一批、督办一批、整改一批安全隐患，对排查的隐患实行"闭环"管理，确保整改到位。

资料来源：https：//news.sina.com.cn/o/2017-03-06/doc-ifyazwha3921596.shtml。

第二节　推进依法监管

大力推进依法治理是《意见》的具体要求之一，是落实"坚持依法监管"这一安全生产监管工作基本原则的具体执行。围绕大力推进依法治理这一中心内容，安全生产监督管理部门实施重点监管、分类分级监管、年度计划监管三种法定监管模式，开展了安全生产执法监察标准化建设。三种监管方法目前均可以单独适用，已成为我国主要的法定监管方法，依法监管的主要内容就是根据法律规定开展执法活动。经过多年实践，三种监管方法已不仅仅局限于安全生产执法领域，其监管模式已延伸到宣传培训、经济调控等监管全局。

一、重点监管

2002年6月29日，全国人民代表大会审议通过《中华人民共和国安全生产法》，这是我国全面加强安全生产法治建设的一个重要步骤，作为我国第一部安全生产的综合性法律，它的出台标志着我国安全生产法治化走向了新阶段，其中第五十三条是我国对安全生产重点监管的法律渊源。

（一）重点监管的原理

重点监管是指安全生产监督管理部门应对本行政区域内容易发生重大生产安全事故的生产经营单位进行严格检查，发现事故隐患并及时进行处理的安全生产监管制度。在安全生产监管力量有限的国情下，重点监管对强化安全生产监督管理，遏制重大、特大事故，促进经济发展和保持社会稳定具有重大的现实意义，现阶段仍是我国大部分地方适用的安全生产监管办法。

重点监管符合系统原理之分级控制匹配原则。根据这一原则，基于对系统的风险分级，重点解决高危险和急需解决的问题，能够保障和提高安全监控或监管的效能。该监管方法是解决地方安全生产主要矛盾的法宝，也是我国安全生产监管的基础方法。2001年经国务院批准组建国家安全生产监督管理局，由国家经贸委实行部门管理。全国各级安全生产监督管理部门也相继组建完成，它们认真履职，积极开展安全生产监管工作。在当时安全生产监管力量有限的情况下，针对地方生产安全事故多发领域和危险环节等重点开展工作。在当时效益优先的前提下，重点监管方法是政府安全生产监管的必然选择。地方人民政府作为本行政区域内社会经济活动的宏观组织与管理者，应当从解决安全生产重点工作出发，牢固树立安全生产责任重于泰山的意识，严格认真履行法律法规规定的安全生产监督管理职责。

（二）重点监管的内容

重点监管主要强调对本行政区域内容易发生重大生产安全事故的生产经营单位要进行严格检查，以及运用后续的现场处理措施、行政强制、行政处罚等方式，对这些生产经营单位加强安全生产监管。

（1）重点监管首先要全面了解并掌握本行政区域安全生产状况。这是组织好有关部门开展安全生产监督检查的前提，决定着组织检查的频次、规模、范围以及参加检查的部门和人员数量等。县级以上地方人民政府应当根据本行政区域生产经营活动的特点、分布区域、人员结构等情况，分析可能发生生产安全事故的途径、危害程度以及影响范围。

（2）按照各有关部门的职责分工组织安全检查。县级以上地方人民政府应当根据有关部门的职责分工组织相应行业、领域的安全检查。有关部门应当根据政府的组织安排，依照法律法规的规定进行安全检查。

（3）确定安全检查重点单位。县级以上地方人民政府应当在调查研究的基础上，确定本行政区域内容易发生重大生产安全事故的生产经营单位。一般来讲，这些生产经营单位既包括如矿山、建筑施工单位和危险物品的生产经营单位等；也包括一旦发生事故将造成重大人身伤亡的其他经营单位，如客车客船运输企业、游乐场、歌舞厅、大型公众聚集经营场所；还包括在安全生产保障上存在重大问题的生产经营单位，如粉尘涉爆岗位防爆设施不足、大量危险化学品使用岗位未安装可燃气体报警装置等被确定存在重大安全隐患的单位。对这些重点单位，必须重点检查，增加检查频次、规模、范围，增加参加检查的部门和人员数量等。当然，对未纳入重点单位的生产经营单位并不是放任不管，仍应进行安全生产检查，但频次、规模、范围以及参加检查的部门和人员数量等与重点单位比较，根据当地执法监管力量，可作适度的放宽。

（三）重点监管的要求

经过多年实践，现在已对重点监管作扩大解释，适用范围由原来的重点单位扩展到了重点行业、重点领域、重点岗位、薄弱环节，具体监管方法上也有了较大改进，提出了符合新时代的更高要求。

（1）检查必须严格，禁止搞形式，走过场。应当严格按照法律法规和有关国家标准、行业标准的规定进行检查，做到"全覆盖、零容忍、严执法、重实效"。应当采用"四不二直"、明察暗访的方式严格检查，不能降低检查的标准和要求，真正做到有法必依、执法必严、违法必究。

（2）检查内容应该全面。包括安全管理是否有完善的安全生产责任制、安全管理机构、安全生产规章制度、操作规程和应急救援预案、安全培训教育等内容；通过检查政府批准文件，确定企业执行与遵守安全生产行政许可和备案情况，包括是否建设在政府规划的化工区域内、是否持有合法工商营业执照、安全许可事项是否在有效期内、有关要求登记备案的项目是否符合规定、现场总体布局是否符合相关国家标准要求、消防设备设施是否符合消防国家标准要求、生产区域安全防护措施是否符合相关标准要求等内容。

（3）适时调整重点监管对象。当前我国正处在工业化、城镇化持续推进的过程中，生产经营规模不断扩大，传统和新型生产经营方式并存，各类事故隐患和安全风险交织叠加，安全生产基础薄弱、监管体制机制和法律制度不完善、企业主体责任落实不力等问题依然突出，生产安全事故易发多发，尤其是重特大生产安全事故频发势头尚未得到有效遏制。现阶段，一些事故发生呈现由高危行业领域向其他行业领域蔓延趋势，直接危及生产安全和公共安全。因此，要动态管理重点监管对象，结合风险评估，运用风险分级管控和隐患排查治理双重预防工作机制，对重点执法对象应适时调整，开展相关执法行动，严防风险演变、隐患升级导致生产安全事故发生。

【重点监管范例】

范例一：绍兴市安全生产委员会办公室召开重点行业领域安全生产执法工作推进会议

2021年10月，绍兴市安全生产委员会办公室召开重点行业领域安全生产执法工作推进会议，通报浙江省安全生产委员会办公室关于近期浙江省重点行业领域安全生产执法情况，部署推进绍兴市重点行业领域安全生产执法工作。绍兴市公安局、建设局、交通运输局、农业农村局、文广旅游局、应急管理局、市场监督管理局、综合行政执法局、消防救援支队等部门（单位）有关负责人参加会议。

会议指出，今年以来，绍兴市道路运输、建设施工、涉海涉渔、旅游、危险化学品、工矿、特种设备、城市运行、消防等重点行业领域聚焦影响安全生产稳定的关键问题和突出问题，持续加大执法检查力度，强化部门协作联动，建立执法通报制度，有效提升安全生产执法效能，有力保障各行业领域安全生产形势总体平稳。

会议强调，各负有安全生产监督管理职责的部门特别是重点行业管理部门要紧紧围绕安全生产"遏重大、控较大"要求，紧盯事故多发、易发的重点时段、重点部位、重点环节，持续深入开展安全执法检查。

一要思想高度重视。把加强监管执法、建立通报制度作为加大对安全生产非法违法行为打击力度、消除事故隐患的重要抓手，压实工作责任，落实专人负责，及时统计报送，确保数据客观真实，反映安全生产执法工作成效。二要严肃严格执法。通过合理设置检查处罚率、案均处罚额等考核指标，促进办案率提升，严厉查处安全生产违法行为；强化行刑衔接，全面推进安全生产各行业领域危险作业罪的查办，确保监管执法震慑力。三要压实责任链条。牢固树立绍兴市上下"一盘棋"思想，加强横向部门的联系和部门之间的相互配合，形成工作合力；严格按照"四不放过"原则，对失职渎职、违法违规等行为进行严厉查处、严肃问责，以实际工作成效保障安全生产形势持续稳定。

资料来源：https：//www.163.com/dy/article/GN2K3JSN0552ADWT.html。

范例二：江苏省开展危险化学品等重点行业领域安全生产专项执法检查

2019年4月，江苏省安全生产委员会办公室、江苏省应急管理厅发布紧急通知，决定自4月1日起在全省开展为期1个月的危险化学品、煤矿、非煤矿山、消防、冶金工贸等重点行业领域安全生产专项执法检查。根据《关于开展危险化学品等重点领域安全生产专项执法检查的通知》（安委办明电〔2019〕4号）部署要求和同时下发的《危险化学品行业安全生产专项执法检查工作方案》《煤矿安全生产专项执法检查工作方案》《非煤矿山安全生产专项执法检查工作方案》《消防安全专项执法检查工作方案》《冶金工贸行业安全生产专项执法检查工作方案》，提出了以下工作要求：

（1）提高认识，切实加强组织领导。各地、各部门要认真学习贯彻关于安全生产和应急管理的重要指示批示精神，充分认清当前安全生产严峻复杂形势，进一步增强责任感、紧迫感，切实把思想和行动统一到重要指示批示精神上来，统一到中央和省委、省政府的部署要求上来。各地各部门要切实警醒起来，坚决打消侥幸心理和麻痹思想，要以对党和人民高度负责的态度，认真吸取响水天嘉宜有限公司"3·21"爆炸事故的惨痛教训，按照省委、省政府的部署要求，坚决遏制重特大生产安全事故发生，维护人民群众生命财产安全。

(2) 科学谋划，迅速开展专项执法检查。各地、各部门要充分认识到当前危险化学品、煤矿、非煤矿山、消防、冶金工贸等重点行业领域安全生产形势的复杂性、严峻性，充分认识到开展危险化学品等重点行业领域专项执法工作的必要性、紧迫性，立即组织行动起来，认真梳理本地方重点行业、重点企业、重点环节，针对薄弱环节制定具体实施方案，明确主要任务、重点内容、责任分工和工作要求，要抽调懂业务、会检查、责任心强的骨干到执法检查一线，确保执法检查高效。要进一步转变工作作风，创新工作方式，及时研究解决遇到的困难和问题，避免出现检查工作中的形式主义、官僚主义，确保执法检查扎扎实实、落到实处。

(3) 强化督导，确保检查工作扎实推进。各地、各部门要充分发挥本地方、本行业领域安全生产专家作用，共同参与专项执法检查工作，增强对安全生产监管执法的技术支撑，强化执法检查工作对企业隐患整改的督促指导作用。要集中全省安全生产监督管理部门、服务机构和大型企业等方面的专家，分门分类组成"专家指导服务团"和"安全执法服务团"，适时深入县（市、区）和企业，指导基层安全监管部门开展专项执法检查工作，帮助企业解决在自查中遇到的技术难题，切实提高专项执法检查的成效。要动员社会各方力量参与对专项执法检查的监督，对于专项执法检查期间查处的重大违法违规企业，要充分发挥各类媒体的作用，及时在当地主流媒体进行公开曝光，在社会上形成强大的舆论声势。

(4) 严格问责，确保专项检查取得实效。各地、各部门组织的专项检查工作既要帮助指导企业开展安全隐患排查整改工作，实施严格的安全隐患整改标准，做到闭环管理，同时，要敢于对安全生产违法违规行为动真碰硬，坚决做到发现一起、查处一起，决不手软，真正让执法长"牙齿"。对安全隐患整治不彻底、执法查处不严格导致事故发生的，要坚决倒排责任，严格依规依纪依法追责问责。

资料来源：https://www.sohu.com/a/305376609_114988。

范例三：黑龙江省加强重点行业领域监管，切实做好安全生产工作

2017年3月黑龙江省政府安全生产委员会办公室发文要求各地要切

实做好全国"两会"期间安全生产工作，加强重点行业领域安全监管，深入开展安全生产大检查，防范和遏制重特大事故。

通知要求，各地、各有关部门和单位要严格落实"党政同责、一岗双责、齐抓共管、失职追责"和"三个必须"要求，加强组织领导，层层落实安全生产责任。各级领导干部要带头深入一线督导检查，推动各项工作措施和要求落实到基层和企业，坚决防范和遏制重特大事故。

通知强调，要紧盯事故易发多发、高风险行业领域和薄弱环节，切实加强重点行业领域安全监管。突出煤矿安全监管监察，对2016年以来各级政府及有关部门发现的重大隐患登记建档、挂牌督办、落实责任和整改销号。要对煤矿进行全面体检，重点对安全生产责任制范本执行、复工复产、淘汰退出、依法组织生产等情况开展安全检查，严厉打击违法违规行为，达不到安全条件的坚决不允许开工生产。加强道路交通安全监管，针对当前冬春交替、气温冷暖变化剧烈导致路面湿滑等特点，强化高速公路等路面管控，防止发生重特大道路交通事故。加强危险化学品和烟花爆竹安全监管，危险化学品企业要防止日融夜冻泄漏引发事故。加强非煤矿山安全监管，杜绝带病生产作业。加强消防安全监管，重点对人员密集场所实施安全检查，全面消除火灾隐患。加强特种设备、建筑施工、旅游等重点行业领域安全监管，全面排查治理事故隐患。

通知要求，各行业主管部门要广泛开展暗访暗查和"双随机"抽查，及时发现解决行业领域突出隐患和问题，严厉打击违法违规生产经营建设行为；组织开展督查检查，及时督促安全生产责任和措施落实到位；重点检查前一阶段国务院安全生产委员会巡查、全省督查和安全生产大检查中发现的隐患和问题整改落实情况，及时消除隐患，确保全国"两会"期间安全生产形势稳定。省政府安全生产委员会办公室将对重点地区开展暗访暗查和突击检查。

资料来源：http://epaper.hljnews.cn/hljrb/20170301/259301.html。

二、分类分级监管

2014年8月，全国人民代表大会常务委员会对《中华人民共和国安全生产法》进行了第二次修正。修正后的《中华人民共和国安全生产法》

第五十九条在重点监管的基础上增加了分类分级监管的条文,该条文是分类分级监管的直接法律渊源。

(一) 分类分级监管的原理

分类分级监管是指安全生产监督管理部门根据国民经济行业分类为依据,评定出其中风险程度高的生产经营单位纳入重点监管范围,要求其降低安全风险,直至达到安全标准或淘汰为止的安全生产监管方法。其中,分类是对监管对象的安全生产危险性大小进行归类,根据生产经营单位危险性质的不同,划分不同的行业或者类别。分类的方式有两种:一种是根据《国民经济行业分类与代码》(GB/T 4754—2017)进行分类;另一种是按照生产安全事故统计制度进行分类,分为金属非金属矿山、化工和危险化学品、烟花爆竹生产经营、冶金机械、火灾、建筑施工、道路交通、渔业船舶、农业机械等。分级是按照监管对象管理能力和风险控制水平划分等级,对其可能存在的引发生产安全事故的风险程度,根据一定标准对其进行等级评估,评定其事故风险等级。

分类分级监管是重点监管的细化和深入,符合系统原理之分级控制匹配原则。这一原则基于对系统的风险分级,遵循"安全分级监控"的合理性、科学性原则,能够保障和提高安全监控或监管的效能。

(二) 分类分级监管的内容

虽然各地方分类分级监管的表现方式有所不同,但是其基本步骤和方法是一致的。首先,政府层面要制定《安全隐患分类分级管理规定》《安全管理分级评定标准》等规范性文件,明确实施程序和要求;其次,对生产经营单位进行"分类分级评审",通过评审确定生产经营单位是否符合安全生产条件,并要求其达到《安全管理分级评定标准》的有关规定;再次,要对达不到《安全管理分级评定标准》或评定为"差"以下等级的生产经营单位严格执法,采取行政强制、行政处罚等措施,直到其符合《安全管理分级评定标准》要求或报请县级以上人民政府按照国务院规定的权限予以关闭。如北京、深圳等地方"分类"是指对生产经营单位,按照行业先天的危险性大小、安全管理难度和安全事故概率等因素,分成A、B、C三类,A类的事故风险最小;"分级"指对生产经营单位按照其安全管理状况和风险控制能力进行分级，共分为a、b、c三个等级（a级的安全管理水平最高），并将以上指标进行了量化管理。要求：C类生产经营单位须a级达标（900分以上），A、B类生产经营单位至少须b级达标（800分以上），未达标的生产经营单位则定为c级，纳入重点执法监管范围，直至达标或淘汰为止。长春市按照生产经营单位可能引发的生产安全事故的风险程度，对其进行等级评估，将生产经营单位分为一类、二类、三类，再按照生产经营单位经营状况，依据吉林省政府制定的《生产经营单位安全生产分级评定标准》，将一类生产经营单位分为A（较好）、B（较好）、C（一般）、D（较差）四个等级，将二类、三类生产经营位分为A（好）、B（较好）、C（一般）、D（较差）、S（小规模的个体工商户和小微企业）五个等级，同时规定负有安全生产监管责任的部门应对生产经营单位采取差异化监管。A、B、S级生产经营单位以本单位自我管理为主，安全生产监督管理部门对其实施一般监督管理，C、D级生产经营单位安全生产监督管理部门对其实施重点监督管理。

（三）分类分级监管的要求

经过各地方多年实践，证明分类分级监管可以对政府安全生产监管资源进行有效配置，提高监管的工作效率，充分发挥安全生产监督管理部门的主动性和积极性。同时在分类分级监管的压力下，企业安全管理水平显著提高，极大地减轻了政府安全隐患排查工作的压力，具有普遍的指导意义。该监管模式要求如下。

（1）制定《安全管理分级评定标准》要结合地方实际。目前国家对分类分级监管的标准没有具体要求，各地方应结合实际开展相关工作。分类分级监管的首要任务是制定《安全管理分级评定标准》。《安全管理分级评定标准》应强调生产作业现场的安全条件，建议现场安全条件占大部分评定总分值，把机械、电气、防火防爆及消防安全基本标准汇集起来作为生产经营单位分级达标依据，其目的在于消除引起人员伤亡的事故隐患，减少生产安全事故的发生。生产经营单位要达标，必须进行一次全面的安全隐患排查，要投入资金和人力进行整改，消除现场的安全隐患。

(2) 强调规章制度的执行。在分类分级达标过程中，生产经营单位即使规章制度文本制作有缺失，但在实际工作中执行了对员工的安全教育和培训、安全隐患排查整治、重点设备和安全设施的维护保养、劳动保护用品的配备等方面的管理措施，并留有可供检查的"痕迹"，一样可以得到较高的分数。同时，在某些重要方面应作刚性的要求，如"安全隐患排查""重大安全隐患治理""建筑设计防火规范符合性审查"等重点方面要求必须达标，否则在未做整改之前，作为否决项不予评定。

(3) 严格把握分类分级评审。评审工作是分类分级监管的重要环节，是确定生产经营单位安全管理水平和执法监管力度的依据。在推进安全生产分类分级监管建设过程中要从本地的实际出发，充分发挥地方安全生产监督管理部门的主动性和积极性，因地制宜开展"分类分级评估和评审"，提高分类分级监管质量。既可简化安全生产监督管理部门已发布的专业标准，也可创造性地制定地方安全生产分类分级评定标准。同时，要坚持公平、公正、公开的原则，严格分类分级评审制度，在简化评审要素和评审程序的同时，督促生产经营单位达到《安全管理分级评定标准》的达标要求。

(4) 开展安全生产分类分级宣传和培训。地方安全生产监督管理部门可通过电台等平台宣传"分类分级评定"活动，可通过门户网站公布"分级评定标准"，并组织生产经营单位的主要负责人等进行轮训，讲解"分级评定标准"的内容。培训应是公益性质，所需费用由政府财政开支。相信通过培训，绝大部分生产经营单位会自觉投入到安全生产分类分级达标行动中，自查自纠，并主动申报验收。

(5) 可将"分类分级评定标准"纳入执法文书。虽然安全生产分类分级达标不是法定的行政许可项目，但"分级评定标准"的每一条内容都有法律法规或安全生产技术标准为依据，都具有强制性。在开展安全生产执法过程中，可将"分类分级评定标准"内容纳入《责令限期整改指令书》等执法文书。生产经营单位进行整改的过程，实际上也就是分类分级达标的过程。生产经营单位按照《责令限期整改指令书》的要求完成整改后，需经执法人员复查，复查的过程也就是达标验收的过程。通过执法行动和宣传教育，督促生产经营单位完成"分类分级达标和评审"。

（6）鼓励生产经营单位自主达标。应鼓励生产经营单位依靠自身的能力完成达标任务并申报验收。应在门户网站上公布《安全生产分类分级达标验收办法》及分级达标范例，明确告诉生产经营单位进行分类分级活动的步骤、方法和注意事项。但由于安全生产涉及的知识面较广，相当一部分生产经营单位囿于自身综合实力，难以保证安全生产管理达标。鉴于此，生产经营单位可以委托有关中介机构提供指导和服务，以便能顺利达标，但这些都属于市场行为，安全生产监督管理部门对此无强制要求。

【分类分级监管范例】

范例一：山西省开展重点行业领域安全生产分类分级监管

为建立高效有序的安全生产监管模式，全面落实安全监管责任，2021年3月山西省人民政府办公厅印发《山西省重点行业领域安全生产分类分级监管办法》（以下简称《办法》），将分类分级安全监管由煤矿扩展至重点行业领域。《办法》对生产经营单位分类管理和负有安全监管职责的部门分级监管作出了规定，对不认真履行分类分级监管职责的提出了问责要求。

《办法》指出，分类分级监管是指根据生产经营单位发生生产安全事故的风险程度进行分类，根据生产经营单位经济属性和生产规模等进行分级。根据生产经营单位发生生产安全事故的风险程度，综合考虑生产经营单位安全管理、灾害程度、生产布局、装备工艺、安全诚信、安全生产标准化、人员素质、生产建设现状等因素，将生产经营单位发生生产安全事故的风险程度从高到低依次分为A、B、C、D四类（A类为重大风险、B类为较高风险、C类为一般风险、D类为低风险）。根据生产经营单位经济类型和生产活动特性，对生产经营单位进行分级，对不同类别的生产经营单位分别由省、市、县级负有安全监管职责的部门归口监督管理。原则上省级负责中央驻晋企业（分公司、子公司）、省属重点企业（总公司、分公司）的安全监管；市级负责中央驻晋企业（分公司、子公司）所属各生产单元、省属重点企业所属各生产单元和市属企业的安全监管；县级负责其他生产经营单位的安全监管。行业管理部门和负有安全监管职责的部门根据安全生产分类评定结果，对生产经营单位实施差异化管理：对 A 类生产经营单位实行重点盯守，不具备安全生产条件或未落实整改措施的不得生产作业；对 B 类生产经营单位实行重点监管，每季度至少进行一次监督检查；对 C 类生产经营单位实行日常监管，每半年进行一次监督检查；对 D 类生产经营单位实行服务指导，每年进行一次监督检查。

《办法》明确了山西省人民政府安全生产委员会办公室负责指导协调全省安全生产分类分级监管工作。省级负有安全监管职责的部门（单位）负责制定本行业领域安全生产分类分级监管实施细则，负责职责范围内安全生产分类分级监管工作。设区的市级人民政府负责本行政区域内安全生产分类分级监管工作，市直有关部门负责职责范围内安全生产分类分级监管工作。生产经营单位分类分级监管情况将列入政府和部门年度安全生产和消防工作目标责任考核内容。

资料来源：https：//baijiahao.baidu.com/s?id＝1693358121706179143。

范例二：龙岗区深入推进安全生产分类分级监管 1146 家企业验收达标

为规范龙岗区企业安全管理行为，落实安全生产主体责任，实现安全生产监管从突击式、运动型向常态化、日常化的转变，自 2010 年底以来，龙岗区在全区生产经营单位中全面实行安全生产分类分级监管，同时推动重点行业企业安全管理全面达标。截至 2012 年 3 月底，分类分级监管工作成效明显，全区已有 1146 家重点行业企业完成了达标验收。

安全生产分类分级监管，是指对全区工矿商贸企业和盈利性公众聚集场所按照其固有危险性和风险控制能力进行分级分类。对于危险性较大、风险控制能力较差的生产经营单位，龙岗区安监局会将其纳入重点监管范围，督促企业进一步完善安全措施，建立健全安全生产管理体系。这一举措不仅能有效地突出监管重点，提高执法效率，还对进一步推进构建全区安全生产长效监管机制起到了显著作用。

安全生产，警钟长鸣。为进一步巩固全区安全生产分类分级业已取得的成效，针对达标企业开展认真细致的查缺补漏工作，今年 2 月以来，龙岗区安全生产监督管理局成立了 3 个验收工作复查小组，对前期验收的 1146 家达标企业展开"回头看"督查行动，对于企业分类分级验收达标后放松安全隐患排查整治、导致事故多发、隐患突出、非法违法行为突出的,坚决取消达标企业资格,没收达标证书,进行停产整顿。截至2月底,共完成98家达标企业复查工作,期间,吊销达标证书企业10家,并对改变安全生产状况严重的其中4家企业进行行政处罚。

资料来源:http://www.lg.gov.cn/xxgk/zwgk/xzzf/jdjc/aqsc/content/post_1703925.html。

范例三:龙岗区构建四级监管新模式,探索工业园区安全可持续发展

2020年以来,龙岗区在工业园区整治与提升的基础上,不断探索构建园区可持续发展分级监管新模式。特别4月份,国务院安全生产委员会印发《全国安全生产专项整治三年行动实施方案》后,龙岗区结合辖区实际,将园区安全专项整治作为一项重要课题来抓,促使园区由政府专项整治到自我常态化监管、由政府被动管理朝园区主动作为转变。

作为工业产业大区,龙岗共有工业园区604家,主要以工业商贸企业生产经营活动场所为主。2017年以来,龙岗区对辖区工业园区开展了整治与提升,内外兼修效果明显。为实现园区安全发展高质量、高水平,今年以来,龙岗区持续发力,围绕"突出重点、打造亮点、整体提升"的原则,开启工业园区安全生产四级监管新模式。工业园四级监管模式是按照相关认定标准,将工业园区划分为A级(宽管级)、B级(关注级)、C级(严管级)、D级(禁止级)四个等级,当园区被评定为相应等级安全生产风险级别后,将按照上一级或更上一级标准进行严格整改,最后经评定达标后可提升等级。意味着不仅给工业园区设了一道安全晋级"高门槛",同时还可潜移默化激发园区重安全、严监管的积极性和主动性。

工业园区评定等级后不是固定不变的,对于已评定等级的园区,在检查或督查中,若发现其风险管控能力和安全管理水平下降或安全生产工作受到政府部门通报批评的,经过专业机构评估、逐级审批后下调等级,尤其对评定为C级、D级的,将开展专项整治或挂牌督办。

值得一提的是,对评级A级的工业园区,龙岗区还将作为扶持企业发展、高新企业建设、融资、创建特色产业、招商引资及其他优惠政策的重要依据,充分发挥政策约束和激励作用,催生工业园区安全生产内目前,龙岗区在工业园区分级监管方面,主要以整体分级、动态管控、多部门联动、一园一档一措施的整体思路,将消除事故隐患、落实安全生产主体责任作为主攻方向,旨在从根本上破解工业园区安全隐患多、治理难度大的难题,切实构建共建共治共享的安全管理新格局。为使"四级"监管工作有序推进,龙岗区还自主开发了"工业园区安全生产分级监管信息系统",给园区分级评定、监管工作提供了一个可具体操作的平台,实现了从园区自评到街道审核再到区级相关职能部门复核审批的工作闭环。通过该系统,让数据多走路,企业少跑腿,进一步提高分级工作效率。截至2020年9月,该系统已接收200余家工业园区自评申请。

资料来源:http://www.lg.gov.cn/lgajj/gkmlpt/content/8/8083/mpost_8083392.html#6802。

范例四:天津市落实安全生产分类分级执法 提高执法检查效能

近日,天津市应急管理局印发《关于推进天津市应急管理系统安全生产执法分类分级工作的指导意见(试行)》,旨在落实安全生产领域改革和实施精准执法要求,着力破解当前各级应急管理部门安全生产执法职责同构、重复执法和存在执法盲区等问题,推动企业落实安全生产主体责任,有效防范和化解重大安全风险,坚决遏制较大及以上生产安全事故。

《关于推进天津市应急管理系统安全生产执法分类分级工作的指导意见(试行)》坚持"先分类后分级"的原则,从安全生产许可、危险工艺、行业类别、重大危险源等四个方面确定分类基本依据,将企业分为"重点企业"和"一般企业"两种类别;从企业信用信息、生产安全事故统计数据及重大生产安全事故隐患等三个方面确定分档要素,按照风险程度由低到高划分为"好""中""差"三个档次;将执法事权划分为"市""区"两级,实现每一家企业对应一个层级的执法主体。

安全生产执法分类分级依托天津市应急管理执法系统自动生成,执法单位对企业名录库和执法人员名录库实施动态管理,分级负责,定期维护。实现重点企业和一般企业中的"差档"全覆盖执法,其余企业采取"双随机"执法,科学制定执法频次,发挥安全生产执法力量的最大效能,强力推动企业落实主体责任。

资料来源:https://www.tj.gov.cn/sy/zwdt/bmdt/202102/t20210205_5349594.html。

三、年度计划监管

年度计划监管是以安全生产监督管理部门执行经过本部门编制的《年度监督检查计划》为主要内容的监管模式。2009年5月27日国家安监总局颁布的《安全生产监管监察职责和行政执法责任追究的暂行规定》(国家安全生产监督管理总局24号令),该规定明确了安全监管监察部门应当科学制定本部门年度安全监管执法工作计划。安全生产监督管理部门全年主要根据计划,开展相关执法检查活动。经过多年实践,计划执法已作扩大运用,延伸到安全生产宣传培训和经济调节等其他监管内容,形成了年度计划监管制度。事实证明该监管制度可以促进安全生产监督管理部门及其行政执法人员依法履行职责,落实行政执法责任,推进安全生产依法治理,是适合我国国情的安全生产监管方法。2014年8月第二次修正后的《中华人民共和国安全生产法》第五十九条中,明确要求安全生产监督管理部门制定"安全生产年度监督检查计划",该条文成为该项监管制度的直接法律渊源。

(一)年度计划监管的原理

年度计划监管是指安全生产监督管理部门应当按照分类分级监督管理的要求,制定安全生产年度监督检查计划,并按照年度监督检查计划进行监督检查,发现事故隐患应当及时处理,同时在安全生产宣传培训和经济调节方面同步制定计划,开展相关监管工作的监管模式。目前,该监管方法已被安全生产监督管理部门普遍适用,是我国安全生产监管法定工作方法。

年度计划监管符合系统原理之分级控制匹配原则,是该原则在安全生产监管领域的具体实践和发展。年度计划监管既要求安全生产监督管理部门"基于分级而采取相应级别的安全监控管理措施",又要求"合理地匹配监控力量"。而分级控制匹配原则就是要求基于对系统的风险分级，遵循"安全分级监控"的合理性、科学性、客观性，能够充分保障和提高安全生产监管的效能，是现代安全科学控制与管理的发展潮流。年度计划监管符合我国安全生产监管的国情，在重点监管和分类分级监管的基础上实现了对地方安全生产有效、有序、合理的监管。在监管过程中明确了安全生产监督职责，促进了监管责任主体责任到位，且强制问责，奖罚分明。同时，对监管对象的安全生产守法行为予以肯定和鼓励，对违法行为保持严厉和高压，提高了安全生产监督管理部门的监管力度和效果，激发和引导了安全监管人员的责任心，已成为我国大部分地方主要的监管方法。

（二）年度计划监管的内容

年度计划监管包括年度监督检查计划、年度安全生产宣传与培训计划、安全生产市场经济调控计划三方面。

（1）年度监督检查计划包括重点检查安排、一般检查安排两个部分，以重点检查为主，且重点检查的比例一般不低于60%。年度监督检查计划应明确工作目标和主要任务，测算出行政执法人员数量和总法定工作日、监督检查工作日、其他执法工作日、非执法工作日，并作出说明。

重点检查安排包括重点检查单位范围、数量、名称、行业领域；在年度监督检查计划中的占比；对有关重点检查单位的计划检查次数；时间安排和其他事项。其中重点检查单位范围包括：安全生产风险或者职业病危害风险等级较高的生产经营单位、近三年发生过造成人员死亡的生产安全事故或者发生过群发性职业病危害事件的生产经营单位、纳入安全生产失信行为联合惩戒对象的生产经营单位、发现存在重大生产安全事故隐患的生产经营单位、发现存在作业岗位职业病危害因素的强度或者浓度严重超标的生产经营单位、试生产或者复工复产的生产经营单位、其他应当纳入重点检查安排的生产经营单位。

对重点检查单位一般每年至少进行一次监督检查，特殊情况可合理确定监督检查的频次。本部门执法力量难以对重点检查单位实现监督检查全覆盖的，应当在年度监督检查计划中作出说明，明确实现监督检查全覆盖所需要的年度，并在相关年度监督检查计划中作出合理安排。对年度监督检查计划执行过程中新发现的符合重点检查的单位，可以结合实际情况对其开展监督检查，或者纳入下一个年度监督检查计划的重点检查安排。

一般检查安排包括一般检查单位范围、数量、行业领域；在年度监督检查计划中的占比；时间安排和其他事项。一般检查单位范围包括本部门负责监督检查的重点检查单位以外的生产经营单位、对下级安全生产监督管理部门负责监督检查的生产经营单位其他应当纳入一般检查安排的生产经营单位。

安全生产监督管理部门应当采用"双随机"的方式（随机选取被检查单位、随机确定监督检查人员）开展执法检查。针对一般检查，因监督检查人员数量、专业等限制难以实施"双随机"检查的，应当随机选取被检查单位；针对重点检查，应当结合实际情况随机确定监督检查人员。

（2）年度安全生产宣传与培训计划，包括近期和远期计划，开展安全生产政策法规宣传、警示教育、安全文化建设、党政领导干部安全培训、高危行业职业安全培训、农民工安全培训、建立安全生产宣传教育网络平台等系列宣传培训工作。

（3）安全生产市场经济调控计划，包括近期和远期计划，对地方安全生产投入、安全科技支撑体系、健全社会化服务体系、安全生产诚信体系建设、建立健全安全生产责任保险制度等经济调控领域开展工作，运用经济手段影响和管理安全生产，通过经济投入、引导、调节等方式，达到对地方安全生产进行间接监管的目的。

（三）年度计划监管的要求

（1）安全生产监督管理部门应当根据本部门执法人员的数量、装备配备、执法区域的范围和生产经营单位的数量、分布、生产规模以及安全生产状况等因素，科学、合理制定年度监督检查计划。监督检查计划应当包括检查的生产经营单位数量和频次、检查的方式、重点等内容。计划的内容应当明确、具体，具有可操作性，并落实到本部门内设责任机构及人员。根据安全生产监督检查工作需要，监管部门可以按照工作计划编制现场检查方案，对作业现场的安全生产实施监督检查。计划一旦确定，不得随意更改。安全生产监督管理部门年度监督检查计划应当报请本级人民政府审查批准，并报上一级安全生产监督管理部门备案，将安全生产监督管理部门的"计划"上升为政府的决定。

（2）安全生产宣传培训计划要求强调健全地方安全宣传教育体系，充分运用互联网、新媒体等平台，创新安全生产宣传模式。将安全生产监督管理纳入各级党政领导干部培训内容；把安全知识普及纳入国民教育，建立完善中小学安全教育和高危行业职业安全教育体系；把安全生产纳入农民工技能培训内容，严格落实企业安全教育培训制度，切实做到先培训、后上岗；推进安全文化建设，加强警示教育，强化全民安全意识和法治意识；发挥工会、共青团、妇女联合会等群团组织作用，依法维护职工群众的知情权、参与权与监督权。

（3）安全生产经济调节计划要求加强安全基础保障能力建设，强调安全投入、科技支撑、社会化服务体系。包括充分发挥市场机制推动作用，建立健全安全生产责任保险制度和工伤保险制度；积极推进安全生产诚信体系建设，完善企业安全生产不良记录黑名单制度，建立失信惩戒和守信激励机制等。

（四）《安全生产年度监督检查计划》的编制

根据《安全生产年度监督检查计划编制办法》（安监总政法〔2017〕150号），安全生产监督管理部门所属的安全生产行政执法队伍年度监督检查工作，纳入本部门年度监督检查计划，统一编制。安全生产监督检查是指安全生产监督管理部门按照职责分工，对有关生产经营单位遵守安全生产法律法规以及国家标准、行业标准的情况进行监督检查，依法采取现场处理、行政强制、行政处罚等措施的行政执法行为。安全监管部门编制的检查计划一般以年度为单位，计划应当相互衔接，各级安全生产监督管理部门应避免在监督检查对象、内容和时间上重复或者监督检查缺位。

（1）编制原则与考量因素。安全生产监督管理部门应当按照统筹兼顾、分类分级、突出重点、提高效能、留有余地的原则，编制年度监督检查计划。编制年度监督检查计划应当综合考虑下列因素：

①行政执法人员的数量和能力；

②本部门监督检查职责范围内生产经营单位的数量、分布、生产规模及其安全生产状况；

③重点检查的行业领域及生产经营单位状况；

④道路交通状况以及执法车辆、技术装备配备和执法经费情况；

⑤影响年度监督检查计划执行的其他因素。

(2) 确定工作日。安全生产监督管理部门编制年度监督检查计划时，应当测算本部门总法定工作日、监督检查工作日、其他执法工作日及非执法工作日。

总法定工作日是指国家规定的法定工作日和本部门行政执法人员总数的乘积。纳入计算行政执法人员数量的比例，省级安全生产监督管理部门（不含其专门执法机构，下同）不得低于在册人数的60%，设区的市级安全生产监督管理部门不得低于在册人数的70%，县级安全生产监督管理部门不得低于在册人数的80%；专门执法机构不得低于在册人数的90%。

监督检查工作日是指安全生产监督管理部门对生产经营单位开展监督检查的工作日。包括重点检查工作日、一般检查工作日。重点检查工作日是指对重点检查单位开展监督检查所需要占用的工作日；一般检查工作日是指对重点检查单位以外的生产经营单位进行监督检查所需要占用的工作日。它的数额为总法定工作日减去其他执法工作日、非执法工作日所剩余的工作日。

其他执法工作日是指开展安全生产综合监管，实施行政许可，组织生产安全事故调查和处理，调查核实安全生产投诉举报，参加有关部门联合执法，办理有关法律法规规定的登记、备案，开展对中介服务机构的监督检查，开展安全生产宣传教育培训，办理行政复议、行政应诉，完成本级人民政府或者上级安全生产监督管理部门安排的执法工作任务等工作预计所占用的工作日。

非执法工作日是指机关值班、学习、培训、考核、会议、检查指导下级安全生产监督管理部门工作、参加党群活动、病假、事假、法定年休假、探亲假、婚（丧）假等工作和事项预计所占用的工作日。

其他执法工作日、非执法工作日按照前三个年度的平均值测算。

(3) 编制程序。安全生产监督管理部门应当指定一个内设机构负责编制年度监督检查计划。各内设执法机构、专门执法机构根据其职责提出具体的年度监督检查计划，由负责编制年度监督检查计划的机构统一审核编制。设区的市级、县级安全生产监督管理部门初步拟订年度监督检查计划后，应当分别抄报省级、设区的市级安全生产监督管理部门征求意见。省级安全生产监督管理部门制定年度监督检查计划时，应当听取设区的市级、县级安全生产监督管理部门的意见。

安全生产监督管理部门编制的年度监督检查计划，应当经本部门领导集体讨论通过后，报本级人民政府批准。年度监督检查计划经批准后，应当于每年3月底前报上一级安全生产监督管理部门备案。年度监督检查计划报批、备案时，应当一并报送上一个年度监督检查计划的执行情况及相关数据。年度监督检查计划批准后，安全生产监督管理部门按照有关工作部署组织开展安全生产大检查、专项治理。需对年度监督检查计划作出重大调整的，应当在30日内按照本办法规定重新履行报批和备案手续。

经过各地方多年实践，年度计划监管明确了安全生产监管职责并实施行政执法责任追究，在一定程度上避免了安全生产监督检查执法过程中执法检查人员的"无限责任"，保证了安全生产执法检查人员依法履职，调动了安全生产执法检查人员的积极性和能动性，取得了良好的安全生产监管效果。

【年度计划监管范例】

范例一：聊城2018年安全生产执法检查计划出炉　74家企业将被重点监管

2018年3月7日《聊城市安全生产监督管理局2018年度监督检查计划》正式公布，从该计划中可知，2018年度聊城市安全生产执法检查的重点是危化企业、工商贸企业、烟花爆竹等行业领域生产经营单位，涵盖了全市74家工业企业。

计划提出，今年安全生产执法检查的主要工作目标是，加强安监队伍建设，提升执法装备水平和监管能力，严格落实执法过程全记录，以专项检查、督查和随机抽查为重要手段，严厉打击安全生产违法行为，对计划内监管的生产经营单位的执法检查覆盖率达到100%，行政许可按时办结率达到100%，重大隐患督促整改、跟踪督办率达到100%，发现违法行为查处率达到100%，实现安全监管执法行政诉讼"零败诉"。通过有效监管执法，督促企业落实安全生产主体责任。

安全执法检查以日常检查为主，根据上级部署和具体工作实际，适时采取"四不两直"、暗访暗查等检查方式开展专项执法检查和会同有关部门开展联合执法检查。充分发挥专家的作用，运用专家查隐患，执法促整改，消除事故隐患，查处违法行为。在执法检查中，实行检查、审理、执行"三权分离"的工作机制，互相协作，互相配合，杜绝和减少错案的发生。对执法检查中发现存在重大事故隐患的单位，将进行重点监管监察，增加执法检查频次，依法督促治理整顿。对群众举报、媒体曝光、有关部门移送等特殊案件，做到立即查处。

资料来源：http://liaocheng.dzwww.com/lcxw/201803/t20180308_16391827.htm。

范例二：湖南省应急管理厅印发2020年度安全生产监管执法计划

为进一步加强安全生产依法行政工作，落实企业安全生产主体责任，强化应急部门监管执法职责，规范安全生产监管执法行为，根据《国务院办公厅关于加强安全生产监管执法的通知》（国办发〔2015〕20号）等文件要求，按照"统筹兼顾、分类分级、突出重点、提高效能"的原则，结合全省应急管理系统工作实际，湖南省应急管理厅印发了《湖南省应急管理厅2020年度安全生产监管执法计划》。

《湖南省应急管理厅2020年度安全生产监管执法计划》的主要目标是通过强化安全生产监管执法，严格规范公正文明执法，严格依法依规查处违法行为，全力消除事故隐患，努力做到"三坚决两确保"，即坚决遏制重特大事故、坚决压减较大事故、坚决防范自然灾害导致重大人员伤亡，确保生产安全事故总量持续下降，确保全省安全生产形势持续稳定向好。

《湖南省应急管理厅2020年度安全生产监管执法计划》的任务是指导、协调和监督本地区安全生产执法工作。抓好"关键的少数"，做好辖区内中央企业在湘一级分支机构总部和省属企业总部的监管执法，监督检查其安全生产主体责任落实情况，安全管理机构和队伍建设、投入、制度体系的合法合规性和运行情况。组织查办辖区内重大案件、重大事故处罚案件和跨市州案件。通过抽查或交叉执法监督市县执法工作。年度内煤矿、危化、非煤、工贸各随机抽查不少于五家省属企业；每年抽选各市、县执法人员组织交叉执法检查135家单位，包括煤矿、危化、非煤、工贸、烟花爆竹，中介机构。

《湖南省应急管理厅2020年度安全生产监管执法计划》明确了重点检查范围。一是原则上纳入安全许可的危险化学品、煤矿、非煤矿山、烟花爆竹，以及金属冶炼单位均为重点单位。对于无贮存设施的危险化学品经营单位、不涉及"两重点一重大"的危险化学品企业和烟花爆竹零售店可以按一般单位对待。二是涉氨制冷、涉爆粉尘、含危险化学品（含中间产品）使用或储存的工贸行业单位、发现存在重大生产安全事故隐患和近三年发生人员死亡事故的单位为重点单位。重点检查内容。一是安全生产责任制落实情况。二是安全生产源头防范落实情况。三是事故隐患排查治理落实情况。四是安全生产教育培训落实情况。五是现场作业安全管理落实情况。六是安全生产应急管理建设落实情况。七是企业取得安全生产许可后的保持安全生产条件的情况。八是行政许可委托下放的企业取证情况。

资料来源：http：//yjt.hunan.gov.cn/yjt/xxgk/tzgg/sajj/202004/t20200413_11877522.html。

范例三：乌鲁木齐市编制出台2020年度安全生产监管执法工作计划

为进一步加强安全生产依法行政工作，规范安全生产行政执法行为，近日，乌鲁木齐市应急管理局结合全市安全生产监管工作实际和本局人员编制、装备保障等情况，在分析总结2019年度安全管执法工作基础上，根据本年度工作安排，研究制定了《2020年安全生产监管执法工作计划》，统筹安排部署了全年监管执法和行政监察服务工作。

一是明确目标任务。以防范化解风险隐患，减少生产安全事故发生为目标，完成监督检查生产经营单位172家，做到"五个100%"和"一个零"。即对纳入本计划的主要工作任务完成率达到100%，对危险化学品、非煤矿山、烟花爆竹等企业监督检查覆盖率达到100%，对发现的安全生产违法行为的依法查处率达到100%，对挂牌督办的重大案件按期办结率达到100%，对直接实施的安全生产行政处罚案件的结案率达到100%，安全生产监督检查、行政处罚和行政强制案件败诉率为零。

二是规定检查内容。按照《安全生产监管监察职责和行政执法责任追究的规定》及乌鲁木齐市应急管理局《安全生产执法检查参照表》中各项检查内容，深入开展危险化学品、非煤矿山、工贸等重点行业领域企业主体责任落实执法检查，督促企业开展安全生产标准化、双重预防体系建设，加强安全生产"打非治违"专项行动，持续加大隐患排查工作力度，严厉打击安全生产违法违规行为。将上年度发生安全事故、受到行政处罚、安全生产失信行为等类型企业纳入重点监管范围进行"回头看"，坚持服务与执法相结合，确保企业安全生产与疫情防控两不误。

三是确定检查方式。进一步规范执法行为，综合运用举报制度、"红黑名单"联合激励惩戒制度、执法全过程记录制度及行政执法公示制度，聚焦行业领域存在的薄弱环节，采取日常检查、专项执法、双随机执法等方式，对危险化学品、非煤矿山、工贸等重点行业领域实现安全监管执法检查全覆盖，对其他行业领域企业双随机抽查比例不低于25%，要求按照"四不两直"检查方式，通过听汇报、查资料、看现场的方法，认真排查企业安全生产存在的突出问题，严厉打击安全生产非法违法行为，倒逼企业主动落实安全生产主体责任。对监管执法检查中发现的安全生产违法违规行为，依法依规严肃查处。

四是严肃纪律要求。加强行政执法人员培训，增强遵纪守法观念和意识，规范行政执法行为。按照已公开的执法检查事项、执法依据、执法流程实施执法检查，厘清岗位职责，落实岗位执法责任，坚持"以人为本"的原则，端正执法指导思想，树立正确执法理念，做到执法活动公正、严格、文明、廉洁、高效，履行职责"到位而不越位，作为而不扰民"，树立安全生产行政执法队伍为民务实清廉的良好形象，自觉接受监管服务对象和有关部门的监督。

资料来源：http://www.urumqi.gov.cn/fjbm/ajj/zwgk/441870.htm。

四、安全生产执法监察标准化建设

2014年7月，国务院安全生产委员会印发《全面深化安全生产领域改革试点方案》，批准在广东等8省、市开展工作试点。方案提出了完善安全生产监管执法体系，强化基层执法力量，改善基层执法工作条件的要求。试点工作以"创建执法监察标准化"为抓手，努力建成机构健全、权责明确、行为规范保障有力的安全生产执法监察体系。广东、山东等地率先进行了"安全生产执法监察标准化达标工作"，并在实践中取得了很好的成效。

（一）安全生产执法监察标准化及其原理

安全生产执法监察标准化是根据各省、市安全生产监督管理部门制定的《安全生产执法监察标准化建设方案》及其配套的达标计分细则、案卷评查、执法监察装备基本配置等为统一达标标准，对市、县及其委托的各级安全生产监督管理部门进行的创建与达标验收的活动。通过一系列活动督促指导各级安全生产执法监察机构全面加强基层队伍建设，进一步规范行政执法行为，提高执法监察水平，全面提升队伍整体素质，树立安全监管执法队伍"能执法、会执法，善执法"的良好形象，为促进安全生产状况持续好转提供内在动力和坚实的执法保障。

安全生产执法监察标准化建设符合人本原理之激励原则。从监管主体管理的角度看监督管理中的激励就是利用某种外部诱因的刺激，调动人的积极性和创造性。以科学的手段激发人的内在潜力，使其充分发挥积极性、主动性和创造性。人的工作动力来源于内在动力、外部压力和工作吸引力。安全生产执法监察标准化从监管执法行为、监管执法保障体系、事故调查处理机制等建设方面对安全生产执法主体进行了规范，为监管主体制定了工作目标和标准，营造了工作氛围，激励了工作热情，对安全生产执法具有重要的指导意义，全面推进了基层安全生产依法治理工作。

（二）安全生产执法监察标准化的内容

（1）组织建设。包括机构设置方面要求安全生产执法机构作为本级政府工作部门，或按规定作为派出机构应承担安全生产执法任务，做到机构组织健全，运行高效，加强执法机构领导班子建设，鼓励部门内部实行全员执法；人员设置方面要求综合考虑辖区经济社会发展水平、生产经营单位数量，工作量等因素，配备相应数量的安全生产执法人员，合理调整执法人员专业结构，选配与执法监察任务相适应的专业人员，专业人员配比不低于到岗人员的50%。

（2）队伍管理。包括制度建设方面要求建立岗位责任制，根据工作职能和人员配置情况，建立岗位责任制，明确各个执法岗位的工作职责，建立内部管理制度，制定涵盖行政执法文书管理、执法装备管理、案件档案管理、举报案件办理、错案责任追究、党风廉政建设等制度；能力建设方面要求从事应急管理综合执法的人员应依法取得行政执法资格证。组织有执法资格的执法人员参加培训，培训时限不得低于有关规定要求，培训率应达到100%；在岗执法人员每年培训时间不少于32学时，每3年轮训一次，轮训时间不少于80学时；廉政建设方面要求定期开展党纪政纪法纪教育、警示教育、全员岗位廉政风险排查、廉政风险防范教育等活动。

（3）规范执法行为。

执法计划。要求对具有应急管理行政执法资格的人员，结合职责分工，参照有关规定，制定实施年度执法计划。具有应急管理行政执法资格的人员按照执法计划要求，开展各项执法工作，各阶段执法任务应当按期完成。

执法检查。要求参加执法检查的执法人员不得少于两人，执法检查前，应明确检查内容，制作现场检查方案，执法人员应主动出示证件，告知执法内容；检查过程中，应按照现场检查方案，逐项记录检查情况。发现被检查生产经营单位存在违法行为或事故隐患等违反应急管理规定的，应当依法采取现场处理措施或行政强制措施；执法人员应依法制作现场检查和处理文书，严格证据的采集、固定、保存，证据形式和取得方式应符合法规要求，未经调查取证或者证据不足的，未制作现场检查文书或填制不规范的，不得采取不利于当事人的执法措施。被责令整改的生产经营单位提出复查申请或者整改、治理限期届满的，应当在法定时限内进行复查，并填写复查意见书；对逾期未整改、治理或者整改、治理不合格的，应当依法给予行政处罚。采取现场处理措施的，应当按规定进行复查，并填写复查意见书；采取行政强制措施的，按照《中华人民共和国行政强制法》等的有关规定办理，按照法定程序实施，在法定期限内作出处理决定。

行政处罚。要求实施处罚数量与辖区生产经营单位以及执法人员数量相适应；行政处罚执法主体和行政相对人主体必须适格，应急管理综合执法人员应当在法定管辖权范围内实施行政处罚；行政处罚程序应当符合《中华人民共和国行政处罚法》及有关应急管理法律法规规定，在事实清楚、证据确凿的基础上，对行政相对人的违法事实进行准确定性，并准确引用违反的法规条款，准确适用对应的法规罚则进行行政处罚；严格规范行政处罚自由裁量权，作出行政处罚的幅度应符合《中华人民共和国行政处罚法》及有关法律法规、标准的规定；严格规范行政执法文书制作，使用国家、省、市应急管理部门发布的执法文书种类和样式；加强行政执法与刑事司法衔接工作，安全生产违法行为涉嫌犯罪的，应当按照《行政执法机关移送涉嫌犯罪案件的规定》及有关规定，及时移送司法机关处理；严格落实案审分离原则，办案人员（调查人员）与承担案件审理职责的人员不得为同一人，可聘请法律顾问或驻队律师审理案卷，并出具法律意见，报送法制机构审理；严格落实行政处罚备案制度，按照规定将行政处罚案件资料向有关部门报备；严格行政处罚档案管理，按照规定将行政处罚案件材料立卷归档，一案一档，案件档案应有专门档案室保管；严格依法办理行政处罚案件，不断提升案件办理质量，确保无行政复议、被撤销、行政诉讼败诉的案件。

举报办理。要求依法办理应急管理举报案件，做到有诉必查、有查必果。要指定专人负责安全生产举报案件的受理、交办、转办等工作；按照规定落实安全生产举报奖励政策，加强对举报人身份及相关信息的保密工作；按规定将已办结的安全生产举报案件相关材料整理归档，并加强档案管理，按照内部管理制度，及时立卷归档。

（4）执法保障。

办公场地。要求办公场地及执法监察人员办公用房应当符合国家有关标准，办公用房建设标准按照国家发展改革委、住房城乡建设部印发的《党政机关办公用房建设标准》（发改投资〔2014〕2674号）执行；办公场地应设有办公室、会议室（案审室）、案件办理谈话室、装备存放室、档案室等。

经费保障。要求应急管理综合执法工作经费列入部门年度财政预算，并予以重点保障。

执法装备。要求按照规定保障执法监察工作用车；按照规定配备办公设备、现场执法装备和快速检测装备，并加强对各类装备的维护保养，确保正常使用；按照规定为执法人员配备执法防护服和个体防护用品并定期更换，加强对执法监察人员的劳动防护。

信息化建设。要求应用安全生产执法监察信息系统，提升执法监察信息化水平；运用执法监察信息系统开展执法检查、案件办理等工作，现场生成相关执法文书。推行移动执法，将执法检查、执法文书、案件办理等信息实时录入执法监察信息系统；配备与移动执法相匹配的执法信息化装备。

（三）安全生产执法监察标准化的要求

通过执法监察标准化建设，实现安全生产执法"八个统一"，即：队伍牌匾名称统一、队伍管理制度统一、执法装备服装统一、执法检查标准统一、执法办案流程统一、执法文书填写统一、执法案卷归档统一、执法礼仪和用语统一，从而不断规范行政执法行为，提高执法监察水平。各地方要结合实际情况，制定地方安全生产执法监察标准化建设工作方案和标准，明确验收工作实施细则，推进安全生产执法队伍规范化、正规化、专业化建设。以上指标可以根据本地方实际情况量化打分，各地方在开展安全生产执法监察标准化建设的过程中，可以适时开展分级和达标验收活动，通过分级和达标验收活动全面提高安全生产执法监察工作建设水平。

根据国家机构改革的统一部署，应急管理部门成立后旋即开展了应急管理综合行政执法体制改革，实施应急管理综合行政执法，进一步提高了国家应急管理能力和水平，是应急管理体制改革的深入，是适应现代社会发展的先进执法模式。安全生产作为应急管理工作的基本盘和基本面，是应急管理综合行政执法的主要内容。应参照安全生产执法监察标准化尽快开展"应急管理综合执法标准化"建设，在安全生产执法监察标准化的基础上梳理应急管理执法相关内容，对综合执法队伍组织建设、执法行为、执法保障等方面制定标准和规范。

【安全生产执法监察标准化建设范例】

范例一：浙江省部署开展安全生产执法监察规范化建设工作

浙江省安全生产监督管理局于2014年4月下发了《关于开展安全生产执法监察规范化建设的通知》，在全省范围内部署开展安全生产执法监察规范化建设工作。通过开展安全生产执法监察规范化建设，进一步确定以安全生产执法检查、行政处罚、行政强制作为执法监察规范化建设的工作范围；进一步明确了以提高执法公信力，切实加强自身队伍建设，着力提高执法能力，坚持严格、规范、公正、文明执法的工作目标；进一步加强以依法行政、依法治安，形成权责明确、行为规范、监督有效、保障有力的安全生产行政执法监察运行机制的工作总要求。通过开展执法监察规范化建设，可切实加强执法队伍建设，特别是对县（市、区）乡镇（街道）执法监察队伍建设，执法监督制度建设，加强执法人员装备配备，提高执法监督保障体系和信息化建设，强化执法监督和问责，将起到积极的推进作用。对促进安全生产长效机制的落实，依法严肃查处各类生产经营活动中的违法行为，有效预防和减少各类事故的发生，促进全省安全生产形式的稳定好转将作出积极的贡献。

资料来源：http://www.mempe.org.cn/gedidongtai/show-11358.html。

范例二：山东省潍坊市大力开展执法监察队伍标准化建设活动

潍坊市安全生产监督管理局坚持"分类指导、培强树优、示范带动、分批推进、全面达标"的原则，采取有效措施，不断规范行政执法行为，提高执法监察水平，努力打造一支政治坚定、业务精通、执法公正、作风优良、服务热情、能打胜仗的安全生产执法监察队伍。

一是加大宣传，提高认识。要求各级安全生产监督管理部门将执法队伍标准化建设作为执法队伍建设的总抓手，高度重视，积极争取当地党委政府和财政、编制等部门的支持，同时，明确责任，督促广大安监执法人员积极投身执法监察工作，苦练内功，提高素质，不断规范执法监察行为，为深入开展执法监察工作打下坚实的基础。

二是加大投入，注重实效。在对照标准查找本地本单位不足的基础上,在人、财、物及制度建设等方面增加投入,确保标准化建设活动的顺利进行。结合工作开展和队伍建设实际,制订切实可行的方案和措施并狠抓落实。

三是加大考核,促进工作。各县(市、区)在开展标准化建设活动过程中,及时发现和总结好经验、好做法,通过建立机制、完善制度、取长补短、常抓不懈地开展标准化建设活动。潍坊市安全生产监督管理局将结合全市执法监察年度考核工作,对各县(市、区)监察大队标准化建设活动开展情况进行统一考核,考核结果实行统一排名和通报,切实达到规范行政执法行为,提高执法监察水平,提升执法队伍形象,促进执法监察工作全面发展的目标要求。

自2012年起,各县市区、市属有关开发区监察大队在对照《山东省安全生产执法监察队伍标准化建设标准》全面开展标准化建设的基础上,符合标准规定条件的,于每年第三季度向市安全生产监督管理局申请考核验收。对申请考核验收的监察大队,由市安全生产监督管理局组织考核组,于每年第四季度,结合年度执法监察工作考评,组织进行考核验收。经考核验收,对符合标准化建设要求的队伍,由市安全生产监督管理局推荐到山东省安全生产监督管理局,参加全省抽查复核。

资料来源：https://www.lawtime.cn/info/shengchan/aqdt/2011082522841.html。

范例三：广东省安全生产执法监察标准化建设成效明显

2014年7月,国务院安全生产委员会将广东省确定为全国8个全面深化安全生产领域改革试点省份之一,省委省政府明确把省安全生产监督管理局作为"完善安全生产管理体系,建立安全生产长效机制"6项具体改革任务的牵头单位,省安全生产监督管理局按照"1+9+3"的改革方案,全面深化安全生产领域改革,不断取得新成效：安全生产责任体系不断健全；安全监管职能不断优化；安全生产监管合力不断增强；安全生产基层基础不断夯实。

为深化安全生产领域改革和深入推进依法治安的决策部署,省安全生产监督管理局把2015年确定为"安全生产执法年"。省安全生产监管系统在广州市举行了全省安全生产执法监察标准化建设工作现场会,及时总结推广广州市安全生产执法监察标准化建设工作经验，在全省范围内，以标准化建设为抓手，全面推进全省安全生产执法监察标准化建设，进一步规范完善安全生产执法监察体系。

省安全生产监督管理局有关领导表示，在深化安全生产领域改革试点的攻坚阶段和深入学习贯彻国务院办公厅《关于加强安全生产监管执法的通知》精神的重要时期，召开安全生产执法监察标准化建设工作现场会，既是广州市执法监察标准化建设经验的推广会，也是加强安全生产监管执法有关精神的贯彻会，向全省安全监管工作发出了强化安全生产执法的信号。全省安监系统工作人员要深刻认识执法监察标准化建设的重大意义，全面把握执法监察标准化的目标和内容，准确定位执法监察标准化的方法和路径，强化制度机制，在责任落实上要有新作为，建立完善的安全生产责任体系，强化企业安全生产主体责任的落实；同时，加强普法引领学法，配套立法引领学法，严格执法引领学法。此外，要强化基层基础，抓镇街队伍建设、业务素质建设、保障能力建设，在队伍建设上有新突破。

资料来源：http://news.sina.com.cn/c/2015-06-25/060031985438.shtml。

第三节 建立安全预防控制体系

建立安全预防控制体系是落实《意见》的明确要求，是"坚持源头防范"这一新时期安全生产监管工作基本原则的具体执行。建立预防控制体系型监管主要包含加强安全风险管控、强化企业预防措施、建立隐患治理监督机制等内容，围绕建立安全预防控制体系这一中心目标，目前地方主要适用双重预防机制监管、前瞻性监管、溯源监管等几种方法。

一、双重预防机制监管

（一）双重预防机制监管的原理

双重预防机制包括风险分级管控和隐患排查治理，多年安全生产实践证明，构建风险分级管控和隐患排查治理双重预防机制监管是严防风险演变、隐患升级导致生产安全事故发生的有效方法。构建双重预防机制监管就是安全生产监督管理部门围绕风险分级管控和隐患排查治理两项制度开展的相关监管工作。2021年6月10日第十三届全国人民代表大会常务委员会第二十九次会议通过《全国人民代表大会常务委员会关于修改〈中华人民共和国安全生产法〉的决定》（第三次修正），此次修正在总则第四条中增加了相关内容，并在第二十一条中予以明确，将双重预防机制监管制度作为生产经营单位加强安全生产管理工作的基本要求，成为该项制度的法律渊源。它的主要目的是落实党中央、国务院的有关工作要求，坚持把风险管控挺在隐患前面，把隐患排查治理挺在事故前面，实现生产经营单位安全风险自辨自控，隐患自查自治，形成政府领导有力、部门监管有效、企业责任落实、社会参与有序的工作格局。

双重预防机制监管符合我国新时代中国特色社会主义安全发展观之源头防范理论。该理论认为加大事故预防的纵深及有效性研究，建立系统化的安全预防控制体系，可以把风险控制在隐患形成之前，把隐患消灭在萌芽状态。生产安全事故具有可防可控性，坚持关口前移、标本兼治，坚持把重大风险隐患当作事故来对待，坚持从源头上管控风险、消除隐患，有效监测风险、预测风险、化解风险，就能够减轻生产安全事故的影响。双重预防机制监管就是源头防范理论的具体运用。

（二）双重预防机制监管的内容

构建双重预防机制的监管首先要加强安全风险管控，其内容主要包括以下几点。

（1）地方各级政府要建立完善安全风险评估与论证机制。加强新材料、新工艺、新业态安全风险评估和管控，紧密结合供给侧结构性改革，推动高危产业转型升级；位置相邻、行业相近、业态相似的地方和行业要建立完善重大安全风险联防联控机制；构建国家、省、市、县四级重大危险源信息管理体系，对重点行业、重点区域、重点生产经营单位实行风险预警控制，有效防范重特大生产安全事故。

（2）监督生产经营单位开展构建双重预防机制监管的相关工作。构建双重预防机制监管作为法定基本义务，要求生产经营单位定期开展风险评估和危害识别，针对高危工艺、设备、物品、场所和岗位建立分级管控制度，同时制定生产安全事故隐患分级和排查治理标准，开展相关治理工作。主要内容包括：一是有效管控各类安全风险。通过关口前移，超前辨识预判单位、岗位、区域安全风险，对辨识出的安全风险进行分类梳理，采取相应的风险评估方法，确定安全风险等级，通过实施制度、技术、工程、管理等措施，制定落实安全操作规程，加强过程管控，完善技术支撑、智能化管控、第三方专业化服务的保障措施。二是强化隐患排查治理。通过构建隐患排查治理体系，严格执行闭环管理制度、重大隐患治理情况向负有安全生产监督管理职责的部门和生产经营单位职代会"双报告"制度、安全生产和职业健康"三同时"制度，大力推进生产经营单位安全生产标准化建设，实现安全管理、操作行为、设备设施和作业环境的标准化，做到及时发现和消除各类事故隐患，防患于未然。三是强化事后处置。及时、科学、有效应对各类重特大事故，最大限度减少事故伤亡人数，降低损害程度，包括开展经常性的应急演练和人员避险自救培训，着力提升现场应急处置能力。安全生产监督管理部门应针对以上内容开展相关执法工作。

（3）要建立隐患治理监督机制。内容包括：制定生产安全事故隐患分级和排查治理标准；负有安全生产监督管理职责的部门要建立与生产经营单位隐患排查治理系统联网的信息平台，完善线上线下配套监管制度；强化隐患排查治理监督执法，对重大隐患整改不到位的生产经营单位依法采取停产停业、停止施工、停止供电和查封扣押等强制措施，按规定给予上限经济处罚，对构成犯罪的要移交司法机关依法追究刑事责任；严格重大隐患挂牌督办制度，对整改和督办不力的生产经营单位纳入政府核查问责范围，实行约谈告诫、公开曝光，情节严重的依法依规追究相关人员责任。

（4）在监管过程中需明确隐患排查治理和风险分级管控是相辅相成、相互促进的关系。安全风险分级管控是隐患排查治理的前提和基础，通过强化安全风险分级管控，从源头上消除、降低或控制相关风险，进而降低事故发生的可能性和后果的严重性。隐患排查治理是安全风险分级管控的强化与深入，通过隐患排查治理工作，查找风险管控措施的失效、缺陷或不足，采取措施予以整改，同时分析、验证各类危险有害因素辨识评估的完整性和准确性，进而完善风险分级管控措施，减少事故发生的可能性或杜绝事故发生。

（三）双重预防机制监管的具体要求

政府及相关部门要加强对生产经营单位及有关行业领域工作的督促检查，积极协调和组织专家力量，帮助和指导生产经营单位及有关行业领域开展安全风险分级管控和隐患排查治理。具体要求如下。

（1）地方各级人民政府领导并实施本地方风险管控工作。要构建风险管控机制，加大风险管控投入，明确本地方各类风险管控的监督管理部门，将风险管控工作纳入本地方安全生产责任制考核；负有相关监督管理职责的部门应当结合本行业领域工作实际，组织、推动本行业领域的风险管控工作，明确或制定本行业领域风险管控工作规范和标准，制定并实施本行业领域重大风险"一票否决"规定，按照"分类监管、分级负责"的原则制定本行业领域分级监督管理规定。

（2）地方各级负有相关监督管理职责的部门具体实施本行业领域风险管控工作。按照本行业领域分级监督管理的要求，制定年度监督检查计划，对不同等级风险确定不同的监督检查频次和内容，实施差异化监督管理。必要时，可委托有关专业技术服务机构或聘请专业技术人员协助监督检查。

（3）地方各级负有相关监督管理职责的部门应当将重大、较大风险列为监督检查的重点。重点检查各类生产经营单位是否落实安全生产职责规定、是否对安全生产隐患进行了排查并整改到位、同时采取相应的管控措施等问题。对一般、低风险的问题，各级负有相关监督管理职责的部门可以采用"双随机"的方式实施监督检查。

（4）省级负有相关监督管理职责的部门应当建立重大风险管控挂牌警示制度。向社会公布本行业领域重大风险及其管控情况，促进各类生产经营单位有效管控、降低安全风险。

（5）地级以上市、县级人民政府应当每三年组织开展一次本地方安全风险评估，同时加强地方、行业领域重大风险管控情况的监督检查，综合运用行业规划、产业政策、行政许可、先进科技推广等手段，消除、降低和控制重大风险，有效防范和遏制重特大安全事故。

（6）各级安全生产监督管理部门应当建立风险预警机制，利用主流媒体和新媒体等渠道及时、有效发布风险预警信息，提出事故防控要求，加强预警事项落实情况的监督检查。

现阶段，双重预防机制监管要与信息化建设相结合，双重预防机制监管既产生又依赖大量安全生产数据，要克服纸面化可能带来的形式化和静态化，利用信息化手段保障双重预防机制监管建设显得尤为重要。部分地方已研发出"双重预防政府安全监管平台"，监管部门可通过监管平台实时查看辖区内各个生产经营单位的安全风险、隐患等日常管理数据，对各个生产经营单位进行监管，为监管决策提供了强有力的数据支撑。

【双重预防机制监管范例】

范例一：山东省安全生产双重预防标准体系基本建成

山东省2016年以来立项的164项安全生产双重预防体系地方标准已全部制定完成并发布实施。这标志着，山东省安全生产双重预防标准体系基本建成，全省各行业领域开展双重预防体系建设有了标准化技术支撑。

山东是经济大省、人口大省，生产经营单位数量多，产业结构偏重，安全生产任务十分繁重。前几年，山东省每年都发生3至5起重特大事故，安全生产长期处于被动状态。简单来说，双重预防体系就是通过管控风险治理隐患，将事故防范由被动变主动，是对传统以排查隐患为主的事故防范进行的一项系统改革。为将这一工作理念转变为科学适用的标准，山东省从2016年开始加快研究制定安全生产双重预防体系地方标准，走在了全国前列，也为全国双重预防体系建设提供了标杆示范和重要参考。

目前已发布的双重预防标准体系共包含164项地方标准，分为通则、细则和实施指南三个层级。其中通则有2项标准，提供的是双重预防标准体系的基本框架；细则有20项，已发布的细则覆盖了非煤矿山、特种设备、建筑施工、公路水路、职业病危害、工贸、化工、燃气、电力、民爆等10个安全生产风险性较高的行业领域；实施指南有142项，已发布的实施指南覆盖了71个具体行业门类，企业结合实际对号入座，只需进行简单微调便可直接参照实施。上述三者，共同构成了具有山东特色的双重预防标准体系。

截至2017年年底，全省已有14万家企业参照标准开展了体系建设，排查风险170万条。山东省安全生产监督管理局有关领导透露，经过两年多的实践，双重预防标准体系已在各类企业中构筑起两道预防事故的"防火墙"，各类事故发生有效减少。2017年，全省各类生产安全事故起数和死亡人数，较上年分别下降49.1%和25.5%；2018年1月至6月，全省各类生产安全事故起数和死亡人数，较去年同期分别下降25.1%和25.8%。

资料来源：http://www.gov.cn/xinwen/2018-08/04/content_5311701.htm。

范例二：广东省应急管理厅印发《广东省应急管理厅关于安全风险分级管控办法（试行）》

为建立健全安全风险分级管控机制，有效防范和遏制重特大安全事故，经广东省人民政府同意，广东省应急管理厅印发了《广东省应急管理厅关于安全风险分级管控办法（试行）》。《广东省应急管理厅关于安全风险分级管控办法（试行）》试行有效期3年，自2019年4月1日起施行。

《广东省应急管理厅关于安全风险分级管控办法（试行）》指出，安全风险管控的范围既包括各类生产经营单位，也包括人员密集场所、大型建设项目、重点部位、重点设备设施、大型群众性活动。安全风险是指发生危险事件或有害暴露的可能性，与随之引发的人身伤害或财产损失等危害后果的组合。风险管控是指风险辨识、分析、评价、控制并持续改进的动态过程。风险分级管控应当与隐患排查治理有机结合，实施双重预防。风险等级越高，相关单位应当承担更大的社会责任，各级负有相关监督管理职责的部门应当加大监管力度。

《广东省应急管理厅关于安全风险分级管控办法（试行）》明确，各类单位是安全风险管控的责任主体。风险等级从高到低划分为重大风险、较大风险、一般风险和低风险四个级别，分别用红、橙、黄、蓝四种颜色标示。风险辨识、分析、评价可参考《广东省安全生产领域风险点危险源排查管控工作指南》提供的方法或标准开展。对无法有效管控的重大风险,应当依法及时采取停产、停业等措施,撤离现场作业人员及影响范围内的人员,划定禁区,防止重大风险失控引发事故。各类单位应当建立风险清单,在醒目位置和重点区域设置重大风险公告栏、制作岗位风险告知卡,每季度定期向属地负有相关监督管理职责的县级部门报送风险清单。

《广东省应急管理厅关于安全风险分级管控办法(试行)》明确,省应急管理厅、地方各级人民政府、各级负有相关监督管理职责的部门有风险管控的监督管理职责。省级负有相关监督管理职责的部门要对重大风险管控实施为期12个月的挂牌警示,每年的1月15日和7月15日前向全社会公布本行业领域重大风险及其管控情况。挂牌警示期间,省、市、县负有相关监督管理职责的部门每年分别按照规定次数实施抽查。市、县两级政府每3年组织开展1次本地方安全风险评估。各级应急管理部门应及时、有效发布风险预警信息,各级政府和有关部门接到预警信息后应督促落实好事故防范各项工作。

资料来源:http://yjgl.gd.gov.cn/gkmlpt/content/2/2205/post_2205809.html#2476。

范例三:广东省佛山市安全生产委员会办公室组织开展安全生产风险排查管控督导工作

为认真贯彻落实我市第四季度防范重特大事故会议精神,2021年11月30日上午,佛山市安全生产委员会办公室组织开展2021年安全生产风险排查管控督导工作会议,佛山市安全生产委员会办公室副主任、市应急管理局党委委员、总工程师何江涛参加会议,并提出要求。

本次督导工作采取集中督导和现场督导交叉进行的形式。在集中督导会上,市应急管理局、市发展和改革局、市交通运输局等20多个部门总结了安全生产风险排查管控工作开展情况。何江涛总工程师强调,风险排查管控是预防和遏制重特大事故的有效方法,是推动安全生产监管从被动应付向主动预防转变的重要抓手。何江涛总工程师要求,各级各部门要清醒认识当前我市安全生产工作面临的严峻形势,牢牢掌握岁末年初生产安全事故多发频发的规律,充分发挥我市风险排查管控工作起步较早、有良好工作基础的优势，继续从人员配置、明确责任、健全工作机制、完善标准规范、摸清风险底数、科学评估风险等级、狠抓风险公告警示、强化隐患排查治理等方面着力，积极应用信息化手段实现风险排查管控清单化、动态化、地图化管理，努力为全市安全发展保驾护航。

资料来源：http://yjgl.gd.gov.cn/zt/aqsczxzzsn/dfdt/content/post_3690879.html。

二、前瞻性监管

前瞻性指着眼于未来，具有往远看、往前看的特性，与预见性的意思相近。就是要有长远的眼光，能够想到还未发生的而又有可能发生的事情。前瞻性研究的应用原理就是把研究对象选定，研究方式预定好，在这些条件下，去做研究追踪，最后在原定计划的时间内评估，把符合原来设计方法的所有方案都列入统计，呈现出全部结果，然后选择出最佳方案。前瞻性研究注重对对象的牵连性、影响性、可发展性的把握，通过研究可以发现对象的本质运动规律，挖掘出决定对象发展方向的因素，符合现代管理科学规律。在当今社会科技迅猛发展的背景下，能够提前把握地方安全生产发展规律，发现影响安全生产潜在的决定因素十分重要。

（一）前瞻性监管的原理

安全生产前瞻性监管是指把握地方安全生产发展趋势，运用前瞻性理念，预见性地发现未来一段时间内安全生产环境的变化和规律，应用现有的安全生产法律法规予以应对，或对变化中的安全生产环境进行引导，提前规划，培育出适应安全发展规律的环境，并适时对发展变化中的新工艺、新行业、新技术出现的安全生产问题予以应对，采取确保地方安全生产平稳可控的监管措施。前瞻性监管是安全发展理念的具体体现，可以从容应对地方未来安全生产发展趋势，形成地方安全生产良性循环的局面。近几十年来，我国经济和科学技术迅猛发展，市场全球化已成为发展趋势。在此背景下，新行业、新工艺、新技术不断涌现，而传统的工艺和设备会被逐步改进,甚至淘汰。为避免出现安全生产监管盲区和政策真空,从容应对发展中的安全生产出现的难题,有必要实施安全生产前瞻性监管。

前瞻性监管符合新时代中国特色社会主义安全发展观之源头防范理论。安全发展是指发展要建立在安全保障的基础上,要做到安全发展与社会经济发展同时规划、同时部署,实现有安全保障下的可持续发展,实现广大人民群众的生命安全与生产发展、生活富裕、生态良好的有机统一。

(二) 前瞻性监管的制定

前瞻性就是以战略眼光审视大势和大局,认清机遇和挑战,准确分析不利环境和有利条件,从而未雨绸缪,系统谋划,趋利避害,赢得发展的主动权。所有这一切,都要求安全生产政策制定者增强更新发展理念的自觉性和紧迫感,在安全生产监管领域以发展方式转变推动安全生产监管质量和效益提升,实现发展过程中面临的新旧安全生产局面平稳切换。

(1) 充分调研,科学预测。行业的变化是引起安全生产形势发生变化的基础,地方安全生产形势开始变化,而安全生产监管方式一成不变必然会造成监管上的迟滞,甚至会造成漏管失控。当地方安全生产形势开始变化,具体表现为区域内产业有新动向、从业人员结构有新转移、生产安全事故产生新的特性等问题出现,就应该引起安全生产监督管理部门的警觉。有必要开展安全生产情况调研工作,在大量数据和事实面前,结合新的经济形势和业态发展趋势,可以基本研判出未来一段时间内地方经济发展的新动态。行业的变化、产业的聚集度、工艺和设备的更新、岗位增减和变化等情况都是调研的对象。当然咨询政府工业和信息化管理部门,了解地方产业规划也是调研的重要内容。通过调研,运用科学分析,可以得到地方未来发展的方向,基本明确地方将来产业规划、人员规模、工艺和设备的类型、岗位的性质等内容,从而测算出地方面临的安全生产形势的挑战。

(2) 进行前瞻性安全生产监管规划。这项工作是在前期调研的基础上,利用现有的安全监管理论和方法,部署和设计出应对未来一段时期内地方产业发展的安全监管方法。它的目的是通过对安全的判断,为未来选择合适的安全发展道路,从而找出科学的安全生产监管方法。它意味着监管者开始摆脱被动地执行原有的监管政策模式,在安全生产领域主动应对未来,谋划出未来安全生产监管的新思路和新方法,是安全监管责任的前移。前瞻性规划必须包含未来适用的安全方法、需实现的监管目标、如何设计监管方案行动、实现监管方法的人员调配、必备办公设备的匹配、监管的管控与目标评估等各个方面。

(3) 前瞻性监管的形成。前瞻性监管制定适用于一般安全监管方法的制定程序,但要注重将监管的目标、策略、资源以及行政过程连接起来,并将这些决定监管前途的重要变量都明确化,并且持续地跟踪管理,适时予以修正。同时应注意,在监管政策出台初期,因产业规模不大或尚未成型,或工艺设备处于新老交替阶段,监管效果会不明显或时好时坏,此时要增强信心,不能半途而废。

安全生产前瞻性监管实际上是对现有监管方式的一种补充和修正。每一个时期、每一个新的安全生产问题,都可以在旧的监管模式中发现其成长和演进的轨迹。前瞻性安全生产监管方法从某种程度上是回应了对当前安全监管产生困惑的问题,避免将来出现同样的监管政策大大落后于客观实际的困境。因此,积极地运用前瞻性监管去代替原有监管政策,在监管结构、制度、运行机制等方面予以改进,也可以达到良好的监管效果。目前,大量的有责任心的安全监管者在不断研究和探寻,部分前瞻性理论和监管方法均已产生成果。如信息化是21世纪的时代特征,随着社会生产力的提高,高新技术层出不穷,信息量急剧膨胀,整个人类社会将步入信息化社会。安全信息化监管是安全生产监督管理部门在进行安全生产监管过程中,对安全信息进行系统分析,运用安全管理系统论的观点、理论和方法来认识和处理安全监管中出现的问题,达到优化安全监管的目标。信息化是构建新时代大国应急管理体系的基础工程,也是提升安全生产监管水平的必由之路,实施安全生产信息化是前瞻性监管的重要表现方式之一。相信随着安全生产管理科学不断发展,对安全生产前瞻性监管研究会有更加的丰富,我们期待着前瞻性监管理论水平会有更进一步的提升。

(三) 前瞻性监管的要求

前瞻性监管的特点体现在可以作出科学准确的预判。"十四五"时期我国发展仍处在大有作为的重要战略机遇期，安全生产也面临诸多矛盾相互叠加的严峻挑战，这要求我们清醒认识面临的安全风险和挑战，把难点和复杂性估计得更充分一些，把各种风险想得更深入一些，做好应对各种困难局面的准备。安全生产监管须要时刻保持问题意识，紧紧抓住事关全局和长远的重要问题，以问题为导向，切实探寻解决之道，在更深层次上把握安全生产发展规律，以前瞻性的思维引领更长远的发展，为地方将来的安全发展奠定基础。

(1) 强调主动性。安全生产前瞻性监管不能满足于完成当下的任务，而要有发展的眼光，着眼未来，了解事物未来发展的大趋势；在任务目标明确后，要果断行动，积极采取措施排除一切困难完成任务。如果监管工作没有前瞻性，就不能预见未来的发展机会。即使预见到未来的机会，如果缺乏主动性，也抓不住先机。目前，我国的安全生产监管工作缺乏的正是这种行政前瞻性的视野、预见性的分析和工作的主动性。

(2) 强调超前思维。在前瞻性监管工作中，非常重要的是超前思维。超前思维就是在处理问题的时候，能深思熟虑、有远见地看待安全生产问题，不只是看表面，而是更注重事件或隐患背后所隐含的本质层次上的东西。在超前思维的指导下，能更有效更能动地去处理监管中所遇到的问题。

(3) 强调沟通。作为一种监管方式，前瞻性本身也依赖于对话。通过对话，我们自由地表达自己的意思，我们也自由地接受他人的意见，由此我们建立了共识，由此安全生产监管方式建构得以成立。当前，前瞻性作为人的主观意识之一，还分散在无数人的头脑中，尚处在"分立的个人知识"的境况。只有真诚的、充分的对话，才能实现知识的有效转换，才能把前瞻性由分立的个人知识转变成为系统的社会知识，前瞻性的观念才能成为整个社会的知识基础，成为监管的资本。沟通强调跨部门、跨行业、跨领域，应急管理部门应征求国土规划、工业和信息化、发展和改革等主管部门意见，听取公众、专家、学者建议。监管方案还要经过研究机构和专家多方商议、论证、修正，甚至举行听证会。以期为未来的安全生产监管达成共识，找到共同维护和遵守的目的。

实际上安全生产监管在任何时期都要注重方法的前瞻性。前瞻性监管就是要树立持续安全的观念，强调创新的理论，把握先进的方法，在发展中不断改进安全生产监管措施。

【前瞻性监管范例】

范例一：宁波市安全生产开展前瞻性监管，率先实施信息化建设

21世纪初，开展安全生产信息化建设被认为是极具前瞻性思维。宁波市等安全生产管理先进地区前瞻性监管意识强，通过顶层设计、强化实践和应用，强化了信息化平台的功能，为安全生产工作提供了技术支撑。十年探索，宁波市呈现了一个投入少、应用好、覆盖广、信息共享的安全生产信息化平台。2015年5月21日，全国副省级城市"信息化与安全生产"专题研讨会在浙江省宁波市举行，宁波市安全生产信息化建设的经验做法在大会上作重点介绍。

宁波市安全生产信息化建设始于2005年，十年的探索实践，走出了一条投入较少、应用较好、覆盖较广、互通共享的信息化建设之路。宁波市安全生产监督管理局从2005年建局之初，就启动了安全生产信息化建设，这一工程经历了"十一五""十二五"两个5年阶段。"十一五"期间，宁波市利用有限资源不同程度地开展了基础设施建设、业务系统开发应用、门户网站和办公自动化系统建设等工作，尤其开发建成行政许可、隐患排查治理、安全标准化、重大危险源管理、危化道路运输、特种作业人员考核等十多个业务系统，信息化工作从启动探索阶段向稳步发展阶段转变，为提高日常办公、安全监管和服务效能发挥了积极作用。"十二五"期间，宁波市安全生产监督管理局基本建成以"一库四平台"（即安全生产中心数据库，安全生产综合监管平台、安全生产公众服务平台、安全生产委员会成员单位协同工作平台、企业安全管理服务平台）为支撑的宁波市安全生产综合监管服务信息系统。安全生产综合监管平台是安监队伍使用的核心平台，集日常办公、业务系统应用、统计查询和网站信息浏览四大功能于一体，涵盖了安全生产监管全过程、全领域的主要业务信息。其他平台则由企业和各部门使用，各平台通过中心数据库实现信息交流共享。目前，安全生产综合监管服务信息系统实

现了各业务系统共性数据的联动和同步更新，形成了政务信息公开常态化、事前事中事后监管业务全覆盖、市县乡村四级监管信息一体化的工作格局。

资料来源：https://www.xzbu.com/3/view-11537385.htm。

范例二：徐州市贾汪区大泉街道以前瞻性眼光抓好安全生产

预防安全事故，保持生产稳定，是建设和谐社会的一个重大课题，各地政府为此重点关注、倾注心力，努力防患于未然。2020年，徐州市贾汪区大泉街道的安全生产工作常抓不懈，短短几个月，督查工作就开展了一波又一波，既压紧压实了安全生产责任，也消除了一批安全生产隐患。督查到哪儿，就整改到哪儿，持续跟踪督促整改落实情况，直至隐患消除，这种态度是做好安全生产工作必须具备的基本要求。

但有此态度显然还不全面。抓安全生产要有前瞻性眼光、战略性和全局性思维才能取得预防事故的主动权。大泉街道除了落实督导组的整改要求外，其举一反三开展一系列安全工作，就是抓预防主动权的一次生动实践。比如：确定24个专项整治工作组并制订整治行动实施子方案，主动排查辖区企业；倒逼企业落实安全生产岗位责任制度、设备巡查检修制度、风险防范和应急处置措施等；加强安全生产学习，提高行业监管能力和水平等。前瞻性就是生产建设越平稳，越要保持清醒冷静的头脑，要居安思危，主动从安全中查找不安全因素，在解决不安全因素中保证安全。要始终保持强烈的忧患意识，清醒地认识到"麻痹怕有余，忧患忌不足"的警示，满则松，满则退，只有形势向好时不忘忧，安全之中查险情，才能保持安全生产工作长期稳定。

有了前瞻性的眼光，还要有常抓不懈的毅力和举措。曾经发生的生产安全事故告诉我们：预防工作永远不能一劳永逸，因为企业的生产活动始终处于动态变化中，安全工作今天落实了，不等于明天落实，一个单位落实了，不等于所有单位落实，必须树牢深入持久抓安全的思想，对可能发生的问题经常想，拿出切实可行的办法，制订切实可行的措施，半点不松懈，半点不马虎，才能形成常抓不懈的行动自觉，最终促成安全预防工作的良性循环，打开安全生产的全新局面。

资料来源：http://www.cnxz.com.cn/newscenter/2020/20200520

150402.shtml。

范例三：重庆气矿梁平作业区前瞻性管理安全风险

重庆气矿梁平作业区依托网络"风险作业信息平台"，提前预判施工安全风险，制订和落实安全监管措施，对风险作业进行前瞻性动态监管，使施工安监的针对性和有效性得以大幅提升。

全面反映施工动态。梁平作业区采矿区域近 $260km^2$，长年开展气田开发和生产辅助作业施工。为将施工作业系数纳入监管范畴，该作业区2017年10月搭建了网络"风险作业信息平台"，每日15时前，调度室搜集生产现场次日开展的风险作业项目信息，并于平台挂网。精准提示安全风险。在风险作业信息平台上，一方面，清晰写明风险作业的施工单位、施工地点、作业类型，以及实时气象等信息，另一方面，从"防"与"控"两个环节进行风险提示。以2019年6月10日该作业区天东88井气田水池整改这项施工为例，风险提示中，既要求工作人员防扭伤、碰伤、防止器械伤人，又提示工作环境具有易燃易爆等危险因素，应准备好消防灭火器材、佩戴便携式气体检测仪。逐项落实安监措施。依托风险作业信息平台，梁平作业区质量安全环境管理人员对施工作业信息一目了然，在对施工的风险点和风险级别进行预判和前瞻性管理基础上，确立监管的重点项目、重点时段、重点环节，落实安监人员督查安全环节和安防措施。

据统计，2017年10月10日以来，该作业区将1900余项施工作业列入监管对象，遇上特殊敏感时段，还扩大安监范围，升级安监措施，保证了施工项目"出发点安全、落脚点安全、竣工时安全"。

资料来源：http://www.mkaq.org/html/2019/06/10/484956.shtml。

三、溯源监管

溯源是指追溯事物发生的根源，探寻事物的根本、源头。溯源监管是1997年欧洲联盟为应对疯牛病问题而逐步建立并完善起来的食品安全管理制度。这套食品安全管理制度由政府进行推动，覆盖食品生产基地、食品加工企业、食品终端销售等整个食品产业链条的上下游，通过类似银行取款机系统的专用硬件设备进行信息共享，服务于最终消费者。一旦食品质量在消费者端出现问题，可以通过食品标签上的溯源码进行联网查询，查出该食品的生产企业、食品的产地、具体农户等全部流通信息，明确事故方相应的法律责任。此项制度对食品安全与食品行业自我约束具有相当重要的意义，现在得到广泛应用，除食品以外，在药品、服饰、电子、渔船等各行各业都能见到溯源技术的影子。该方法运用于安全生产监管领域就是安全生产溯源监管。

（一）溯源监管的原理

安全生产溯源监管是指通过安全生产管理缺陷、安全隐患、生产安全事故等表象性的反映，追根溯源，寻找发生这些现象的源头和根本原因，力求从根本上解决问题，从而使监管更加科学有效。

溯源监管符合安全生产管理预防原理之因果关系原则。因果关系原则认为事故的发生是许多因素互为因果连续发生的最终结果，只要诱发事故的因素存在，发生事故是必然的，只是时间或迟或早而已。该理论运用于安全生产溯源监管就是要求监管以问题为导向，从造成事故隐患的原因入手解决安全生产监管中存在的实际问题，从而缩小系统中人、财、物等要素投入，减少对生产的影响和资金的浪费，可以起到增加人与人、人与物、物与物组合产生的安全生产监管的正效应，带来更明显的监管效果。该方法放大了监管系统中人、财、物等要素在安全生产监管中组合产生的效应，可以起到放大和增效作用，因而比一般安全生产监管更具优势，更受安全生产监督管理部门和生产经营单位欢迎。

（二）溯源监管方法的制定

（1）科学分析、顺藤摸瓜确认主要原因。生产安全事故和隐患产生的原因有多种，因果关系要解决的问题是最终确定把已发生的客观结果归责于哪个因素，只有引起事故和隐患产生的因素才具有因果关系，并对结果的发生负有责任。原因可分为直接原因和间接原因。直接原因是指直接导致生产安全事故或隐患发生，并形成了一定影响的因素；间接原因是指虽然没有直接导致事故或隐患的发生，但是由于当事人不履行或者不正确履行自己的职责,而通过其行为间接产生一定影响,通过影响主要因素导致问题的发生,对问题的发生负有一定联系的原因。事故或隐患产生的原因认定应根据当事人的陈述、物证、损失、隐患原因和与责任人之间的因果关系,以及责任人应履行的安全生产工作职责的履行情况,实事求是地进行认定。分析原因往往运用反推认定法,即从事故或隐患产生的结果推出原因。如果事故或隐患是由单一行为造成的,则实施单一行为的人为事故责任人,其和履行安全生产职责为直接因素;如果事故或隐患是由多种因素、多种行为造成的,则多个行为人或因素均为事故责任人,原因也是由多种因素组成。我们要从中剥离出重要因素,找到主要原因。它的反推过程主要遵循:事故或隐患发生结果→责任人的行为→责任人的安全生产职责→原因之一的轨迹。

(2) 溯源监管的规划。在前期分析和判断的基础上,通过溯源性反推,找出了引起生产安全事故或隐患的原因,如果原因带有共性,而且对地方安全生产形势产生影响,安全生产监督管理部门要利用现有的安全管理论和方法,部署和设计出应对未来一段时间内地方产业发展的安全生产监管方法,这项工作就是溯源安全生产监管规划。它的目的是通过对安全的判断,为未来选择合适的安全发展道路,从而找出科学的安全生产监管方法。

(3) 溯源监管的形成。溯源监管的制定适用于一般安全生产监管方法的制定程序,但要注重将监管的目标、策略、资源以及行政过程连接起来,并将这些决定监管前途的重要变量都明确化,持续地跟踪管理,适时予以修正。同时应注意,在监管政策出台初期,因固有的老方法、老经验和保守思维的束缚,监管效果会不明显,此时要增强信心,不能半途而废。同时对政策执行情况进行反馈,并适时予以调整。

溯源思维最突出的特点就是源头思维的运用,从问题中找到原因,从现象中找到本质。在现实生活中,许多重要的突破和创新都具溯源寻根的特征,也是运用溯源思维的结果。因此,溯源监管能够通过寻根溯源、顺藤摸瓜找到事故隐患产生的原因,从而适合在复杂条件下破解安全生产监管难题。

(三) 溯源监管的要求

安全生产监管的目的是减少和控制危害,减少和控制事故,尽量避免生产过程中由于事故造成的人身伤害、财产损失、环境污染及其他损失。实现该目的的方法很多,包括控制生产安全事故指标(事故负伤率及各类生产安全事故发生率)、治理安全生产隐患、监督检查、加强工艺技术管理、设备设施管理、作业环境和条件管理、实施文明施工等。如果从产生的问题反向思考,循着问题线索,找出其根源和主要矛盾,问题就可以迎刃而解。在安全生产监管中运用反向思维的方法,从源头上找出事故和安全隐患产生的原因,并加以改进,就是溯源监管。

需强调的是针对当前安全生产监管工作中存在的突出问题,最高人民检察院于2022年3月向应急管理部制发了《安全生产溯源治理方面的检察建议》(八号检察建议),有针对性地提出解决突出问题的举措、建议,护航安全生产。八号检察建议中将安全生产溯源监管提升到了由专门的法律监督机关保障实施,并对违反者严肃问责的高度。

(1)要求充分发挥对安全生产工作的综合监督管理职能,督促协调各地区、各部门认真落实党中央、国务院关于安全生产工作的决策部署。把抓早抓小抓苗头作为保障安全生产的重中之重。增强"风险即危险""隐患即事故"的责任意识,既要抓末端、治已病,又要抓前端、治未病,加大安全风险隐患排查整治力度,防患于未然,有效避免生产安全事故的发生。同时加大对执法监管人员失职渎职等违法违纪行为的调查追责力度。健全完善事前事后相结合的追责体系,对事故发生后相关责任人员要从严从重追责,同时更重视对事故前执法监管人员失职渎职行为的从严从实追责,督促企业切实履行主体责任,增强企业安全生产内生动力,引导企业结合自身特点构建安全生产管理体系,切实提升企业本质安全水平。具体措施包括及时对发现的每一起企业非事故违规违法生产经营行为依法给予应有的责任追究,增加企业违法成本;建立全国性的生产经营单位安全生产信用体系,对失信企业实施联合惩戒;完善安全生产举报投诉机制,调动全社会力量参与安全生产监督等。

(2)溯源监管以发现问题为导向。当安全生产监管发现缺陷,出现隐患和事故等问题,如何找到解决问题的最佳方案十分有必要,该方案需有持续性和有效性。实践发现,从事物发生的源头找到问题的根源,从而予以解决,是提高解决问题效率的最佳方式之一。此方法论运用于安全生产监管方面就要求监管者发现监管缺陷后,经过调查研究、分析安全生产管理系统内的各种基本要素，如人力、财力、物力等，并结合系统内的信息传递、变换、反馈、协调和控制，找出问题根源，并加以改进和完善，从而进行行之有效的监管。可见，溯源监管是以发现问题为导向，以安全生产管理缺陷为开端，从而开始下一步工作的。

（3）溯源监管从联系的必然性中发现问题的根源。溯源监管的科学性是由物质运动的规律性决定的。在本质上，安全生产监管包含在物质运动体系之内，受物质运动规律的制约。物质运动有必然性和偶然性，安全生产监管也是如此，任何事故和隐患都是由必然性和偶然性构成的。安全生产监管也具有科学性与规律性。在安全生产范畴中，剔除偶然因素，找出问题的直接原因和主要矛盾，就是必然因素。人的不安全行为或物的不安全状态是事故和隐患产生的直接原因，这种原因是在安全管理中必须重点加以分析的。但直接原因只是一种表面的现象，是深层次原因的表征。而溯源监管就是运用反向思维方法，沿着问题找原因，循着偶然性找出其中的必然性，从而找出事故和隐患的产生原因，发现问题的根源，是一种唯物主义科学的监管方法。

（4）溯源监管是生产日益复杂化的必要选择。溯源监管的必要性是由生产经营的社会性决定的。监管是进行社会生产的必要条件，它是生产劳动社会化的产物。生产社会化的程度越高，溯源监管就显得愈加重要。自20世纪60年代以来，全球的总体生产力迅速发展，科学技术突飞猛进，社会生产发生了巨大变化，参与方包括生产经营单位涉及的人员、设备设施、物料、环境、财务、信息等各个方面，而且更加复杂化。它的具体表现是管理的规模越来越庞大，分工更加细致，联系更加紧密，市场情况千变万化，信息量空前增加。在这种情况下，从纷繁复杂的联系中找出直接原因和主要矛盾显然尤其重要。而溯源监管沿着问题线索查找原因，被证明是发现问题的最直接方法。

在安全生产监管中，必须不断提高溯源监管的水平，才能迅速找到安全问题的症结，适应在新形势下高速发展的生产安全要求。

【溯源监管范例】

范例一：贵州省对气瓶安全监管实施"溯源监管"

据不完全统计，贵州省有约200余万只液化石油气瓶。液化石油气瓶是特种设备安全监管的重要内容，也是当前安全生产重要工作范畴。为进一步解决液化气瓶数量多、分布散、流动性强、监管困难等问题，2019年开始，贵州省推行共享安全气瓶置换工作，建立液化气瓶信息化管理制度，推进气瓶追溯体系建设，着重解决液化气瓶监管难题。"溯源监管"要求给每个气瓶设置专属二维码，实现了对液化气瓶的使用登记、检验检测、充装使用、运输等环节的全流程安全监管，建立可追溯的气瓶监管体系，做到底数清、状况明。实现该功能是建立在"贵州省气瓶安全追溯管理公共服务平台"基础上，气瓶办理使用登记、电子标签信息写入、充装枪控制、充装信息记录、检验报告出具等均顺利实施，实现了气瓶使用登记、充装管理、检验报废、流转定位等环节的可追溯，有效解决了底数不清、状况不明；人机比例矛盾突出，监管能力不足；安全管理责任落实不到位、气瓶隐患较多等问题，更好保障了气瓶安全。同时，通过建立气瓶质量安全追溯体系，也为燃气的充装、经营、运输、储存等管理提供信息数据。预计2020年底，贵州省气瓶安全信息化管理将覆盖全省。通过液化石油气瓶的"智慧化溯源监管"，确保了液化石油气安全使用，保障了人民群众的生命财产安全。

资料来源：https://baijiahao.baidu.com/s?id=1640101217139398619。

范例二：江苏海安打好"组合拳"助推安全生产溯源治理

江苏省海安市人民检察院坚持依法能动履职，联合多部门齐抓共管，推动最高人民检察院"八号检察建议"落实落细，助推安全生产溯源治理，为海安市创建省级安全发展示范城市贡献检察力量。

该院针对3起案件中起重机械等特种行业存在的监管履职不到位、失职失责等问题，向市应急管理局、市场监督管理局等部门发出检察建议。相关部门依据检察建议，通过加强特种设备安全宣传教育等方式，在全市开展特种行业安全生产专项治理。同时，从"案内"审查向"案外"治理延伸，梳理近5年办理的涉安全生产犯罪案件，并形成调研报告；深入事故高发乡镇和行业，开展"以案释法"普法宣传活动，推动地方政府开展专项治理，堵塞安全管理漏洞；针对办案中发现的"厂中厂"存在监管盲区以及废旧钢瓶处置不当等问题，联合相关部门开展专项排查整治，实现对辖区生产经营场所的动态监管，全力守护群众生命安全。

2021年以来，该院以企业合规改革试点工作为依托，先后对涉安全生产问题的3家企业开展企业合规案件"一案一回访"，做好安全生产"后半篇文章"。同时，制作《安全生产蓝皮书》，开展"挂企业连村居"活动，详细了解企业安全生产工作情况，向其送达重点风险提示。截至2022年8月17日，共走访企业45家，送达风险提示25份，发放《安全生产蓝皮书》1000余册。为推进安全生产溯源治理，护航企业健康发展，海安市人民检察院开设安全生产课堂，定期组织企业安全生产负责人"面对面"旁听安全生产案件庭审，提醒其严格落实安全生产主体责任，时刻绷紧安全生产这根弦。

安全生产工作不可能一蹴而就，必须坚持长效治理。为此，海安市人民检察院依托"检网融治"工作机制，推动网格员参与安全监督，由网格员排查风险隐患、摸清底数；检察联络员与社区网格员建立微信工作群，网格员将排查的风险隐患及时上报，形成"网格员+检察官"协同办案工作链条。同时，聘请安全守护志愿者，开展安全知识宣传活动，营造"人人都是参与者、安全生产没有旁观者"的良好氛围。

资料来源：https：//finance.sina.com.cn/jjxw/2022-08-17/doc-imizmscv6514643.shtml？f。

第四节 加强安全基础保障能力建设

加强安全基础保障能力建设是《意见》提出的重要内容，是落实"坚持安全生产系统治理"原则的具体运用。加强安全基础保障能力建设要求综合运用宣传教育、经济、市场等手段，落实人防、技防、物防措施，提升全社会安全生产治理能力，包括完善安全投入长效机制、健全社会化服务体系、发挥市场机制推动作用、健全安全宣传教育体系等方面内容。围绕这一中心，目前监管方法主要有安全生产信息化监管、安全生产培训类APP的运用、"安全第一课"培训等多种方法。

一、安全生产信息化监管

信息化是构建新时代大国应急管理体系的基础工程，也是提升安全生产监管水平的必由之路。《意见》在加强安全基础保障能力建设方面明确要求建立安全科技支撑体系，提出要提升现代信息技术与安全生产融合度，统一标准规范，加快安全生产信息化建设，构建安全生产与职业健康信息化全国一张网的要求。中华人民共和国应急管理部成立以后，提出了以信息化推进应急管理能力现代化，建设与大国应急管理能力相适应的中国现代应急管理体系的要求，其中便包括安全生产信息化建设。建设中的信息系统运用云计算、大数据、物联网、人工智能等新技术，力求全面支撑具有系统化、扁平化、立体化、智能化、人性化特征的现代应急管理体系。

（一）安全生产信息化监管的原理

安全生产信息化监管是指通过管理信息系统，运用电子技术、计算机技术，充分发挥计算机储存量大、速度快、精度高、范围广及人工智能的特点，严格按照安全生产管理的要求，对有关数据进行收集、加工、传输、储存、检索和输出等处理，提供安全生产管理所需的信息，并完成相应的管理职能的监管方式。安全生产信息化监管大大提高了安全生产管理工作的效率，为安全评估、安全决策、管理优化的工作提供了系统性、完整性、准确性和时效性的信息支持。在此基础上，建立"互联网＋执法检查"工作机制，推动现场安全生产检查和线上监管结合，力求解决科学监管问题。

安全生产信息化监管符合安全系统原理之动态相关性原则。动态相关性原则告诉我们，构成安全管理系统的各要素是运动和发展的，它们相互联系又相互制约。如果系统的各要素互不发生影响或都处于静止状态，就不会发生事故，当然这是很难做到的。安全生产管理系统包括各级安全管理人员、安全防护设备与设施、安全管理规章制度、安全生产操作规程以及安全生产管理等。传统的安全系统理论面对日新月异的数字化、网络化与信息化社会变革也需要发展。将以上安全生产管理系统通过一定方式输入计算机，运用自动化和网络技术形成信息，对各子系统及其因素之间的关系进行高效管理和分析,形成科学决策,对安全生产实施有效监管就是动态相关性原则在安全生产信息化监管的运用。

安全生产信息化监管是安全生产监督管理部门在进行监管过程中,运用系统论的观点、理论和方法来认识和处理安全生产监管中出现的问题,以达到安全生产监管的优化目标。应用现代的管理模式,以电子计算机为主要工具,建立高效、科学的安全管理信息系统,是实现科学安全管理的迫切需求和必经之路。

(二)安全生产信息化监管的发展状况

近年来,随着计算机技术的发展,网络带宽的增加,3G、4G、5G等无线通信技术的进步,移动网络凭借日益加快的传输速度、随时随地的应用接入,应急管理执法应用系统应运而生,很多地方和部门近年来已经进行了大胆的探索和实践。目前,我们经历了执法系统开发、移动巡查和执法系统融合、全面构建与大国应急管理能力相适应的中国现代应急管理信息体系三个阶段。

(1)执法系统开发阶段。为提高事务处理能力和办事效率,降低工作人员操作强度,减少重复劳动,有效解决安全生产监督管理部门人力资源、安全巡查、执法审批等诸多困扰一线安全生产监督管理部门的技术难点和业务难点,更好地完成信息系统数据报送和执法审批工作,从前期的纸质填写然后再上网登录申报的"双轨方式",逐步过渡到"无纸化"终端上报和审批的模式,提高了巡查人员效能,规范了巡查日常检查工作。特别是安全生产行政执法的网上审批程序,包括执法检查、事故调查处理、行政处罚、听证、纠错等众多环节。

通过网上审核,执法人员按照系统提供的执法流程进行操作,确保了依法执法和规范执法,提高了执法效率。通过网上报送信息,提高了工作效率,提高了数据发送的准确性,为科学决策和提升隐患整治能力提供了信息保障。

(2)移动巡查和执法系统融合阶段。实现了掌上终端与远程服务器间的数据交互,使得基于有线互联网的应用系统无缝延伸到基于无线公众网络的掌上终端。在保证系统安全性和稳定性的基础上,提高事务处理能力和办事效率,降低工作人员操作强度,减少重复劳动;决策者可以在远离传统办公环境的情况下第一时间获得所需要的决策信息,从而有效地保障了决策的及时性和科学性。系统面向政府安全生产监督管理部门、企业安全管理机构提供的便携式智能移动巡查/执法终端,与Web版安全生产综合监管平台相辅相成,用于企业的基础信息管理、巡查检查、隐患排查、执法检查等安全生产管理工作。其中移动巡查/执法终端融合了3G、4G移动技术、智能移动终端、数据库同步、二维码识别、身份认证及Web Service等多种移动通信、信息处理和计算机网络的前沿技术,以无线通信技术为依托,集成现场信息采集、多媒体信息上报、信息查询、隐患排查、巡查检查、GPS定位等功能,实现了企业隐患排查治理与政府监管监察无缝贯穿,为一线巡查人员提供了专业的巡查检查应用工具,有效落实企业主体责任的同时,实现了执法部门由检查向监管的转变。初步形成了具有指导意义的安全监控、监察巡查、执法装备的软件、硬件及功能标准。

(3) 全面构建与大国应急管理能力相适应的中国现代应急管理信息体系阶段。2018年12月应急管理部下发《应急管理信息化发展战略规划框架》(2018—2022年),明确了国家应急管理信息化发展的五年规划。总体设计出构筑应急管理信息化发展的"四横四纵"总体架构,形成"两网络""四体系""两机制",具体包括以下内容。

"两网络":之一是全域覆盖的感知网络,通过物联感知、卫星感知、航空感知、视频感知、全民感知等途径,汇集各地、各部门感知信息,构建全覆盖的感知网络,实现对自然灾害易发多发频发地方和高危行业领域全方位、立体化、无盲区动态监测,为多维度全面分析风险信息提供数据源。之二是天地一体的应急通信网络,指采用5G、软件定义网络(SDN)、IPv6、专业数字集群(PDT)等技术,综合专网、互联网、宽窄带无线通信网、北斗卫星、通信卫星、无人机、单兵装备等手段,建成天地一体、全域覆盖、全程贯通、韧性抗毁的应急通信网络。

"四体系":之一是先进强大的大数据支撑体系,建设全国应急管理数据中心,构建应急管理业务云,形成性能强大、弹性计算、易购兼容的云资源服务能力;构建全方位获取、全网络汇聚、全维度整合的海量数据资源治理体系,满足精细治理、分类组织、精准服务、安全可控的数据资源管理要求。之二是智慧协同的业务应用体系,建设统一的全国应急管理大数据应用平台,形成应急管理信息化体系的"智慧大脑",通过神经网络、知识图谱、深度学习等算法,利用模型工厂、应用工厂和应用超市等为上层的监督管理、监测预警、指挥救援、决策支持、政务管理五大业务领域提供应用服务能力,有力支撑常态、非常态下的事前、事发、事中、事后全过程业务开展;构建统一的门户,为各级各类用户提供集成化的应用服务入口。之三是安全可靠的运行保障体系,建立全面立体的安全防护体系和科学智能的运维管理体系,实现对应急管理信息系统的多层次、全维度的安全防控,部署智能化运维管理系统,建立完善的运维管理制度和运维反应机制,保障应急管理部信息网络以及应用系统安全、稳定、高效、可靠运行。之四是严谨全面的标准规范体系,使各标准之间相互联系、相互作用、相互约束、相互补充,构成一个完整统一体,指导应急管理信息化建设全过程。

"两体制":之一是统一完备的信息化工作机制,建立应急管理部全国统一领导、地方各级部门分工协作的信息化工作组织领导体系,建立覆盖项目建设全过程的协调联动制度机制、项目管理制度,完善应用考核机制。之二是创新多元的科技力量汇集机制,培育专业化的技术研究团队,打造应急管理信息化专业人才培养体系,加强各类先进技术攻关、融合与集成创新,建立开放的"政产学研用"技术创新机制和产业生态,调动全社会力量共同参与应急管理信息化建设。

(三)安全生产信息化监管建设的步骤

安全生产信息化监管的核心是安全管理信息系统的开发与建设,其开发与建设过程是一个复杂的系统工程。国外经验证明,建立安全生产管理信息系统并达到设计目标,可以促进管理效益提高,总体效益得到改善,起到预防和控制事故的作用。系统开发之前,要建立组织机构,这是保证开发成功的关键,同时必须做好与需求主体充分沟通、互相配合;建立系统开发组织机构,组织一支拥有不同层次的管理和技术队伍;配备计算机设备,并具有一定科学管理基础;制订投资计划,确保资金资源,确保资金按时到位等前期工作。安全管理系统开发是一项涉及众多因素,耗资大、时间长、风险大的工程,必须进行计划和控制及项目管理。其中,项目管理的目的是保证工程项目在一定资源情况下如期完成并控制计划的执行,项目管理体现在四个方面,即保证进度、保证审核、批准进度和费用统计。

系统开发有多种方式,根据资源情况、技术力量、外部环境等因素选择,不论采取哪种方式,都需要单位领导和业务人员的参与。系统开发主要分为自行开发、委托开发、联合开发、购买现成软件包等几种方式。

安全生产管理信息系统的开发过程包括各类数据资料的整理分析与规范化、需求分析、安全数据库的结构设计、应用程序设计、数据录入、试运行、综合调试和数据处理与维护等。在系统的开发过程中,系统的基本配置方案应根据安全生产信息监管的实际需要和当前计算机软件发展情况,选用易于使用、满足开发功能和具有多媒体处理功能的新软件或程序软件。

安全生产管理系统开发与建设的生命周期全过程包括系统规划、系统分析、系统设计、系统实施、系统运行与维护五个阶段,各个阶段的主要工作如下。

(1) 系统规划阶段的任务是对地方安全环境,现行系统的状况进行初步调查,根据地方安全发展战略制定信息系统的目标。要具体分析地方现有的安全管理基础工作状况,分析并预测新系统的信息需求,确定系统功能的规格,同时根据系统的种种环境因素,研究建设新系统的必要性和可能性,并从技术和经济的方面研究其可行性。

(2) 系统分析阶段的任务是根据系统规划方案所确定的范围,对现行系统进行详细调查,描述现行系统的安全生产流程,指出现行系统的局限性和不足之处,确定新系统的基本目标和逻辑功能要求,即提出新系统的逻辑模型,这个阶段又称逻辑设计阶段。它的任务是回答系统"做什么"的问题。它的要求较高,需要做深入细致的工作,必须要对采集或收集后的安全生产数据进行分析整理,按照统一的格式做规范化处理。

(3) 系统设计阶段要回答的是"怎么做",是安全生产信息监管系统研究开发的关键,该阶段的任务是根据信息系统说明书中规定的功能要求,考虑实际条件,具体设计实现逻辑模型的技术方案,即设计新系统的物理模型。这个阶段又称物理设计阶段,分为总体设计和详细设计。

（4）系统实施阶段是在系统设计的基础上，将设计意图转化为可执行的人机系统。针对安全信息监管对象设计各个程序模块，选择合适的程序设计和必要的软件工具，按模块分别编写相应的计算机程序。为确保程序运行畅通，在单模块调试运行的基础上，连接系统的子模块，进行系统综合测试，完成系统集成和综合试运行。这一阶段的任务包括设备购置，安装和调试，程序的编写和调试，人员培训，建立数据库，系统调试与转换等环节。

（5）系统运行与维护阶段是指在系统投入运行后，需要经常进行维护和评价，记录系统运行的情况，根据一定的规格对系统进行必要的修改，评价系统工作的质量和工作效益，包括系统目标的科学性、软件程序的正确性、有关预测模型的准确性和验证整个系统运行维护的完善工作。

综上所述，运用安全生产信息管理技术，把系统科学、信息科学引入监管工作领域，从性能、经费、时间的整体条件出发，针对地方安全生产系统生命周期，分别构思从设计、制造、运行、储存、运输到生产施工乃至废弃物处理所有阶段的安全防范对策。通过实施安全生产信息综合分析与评价，预测可能发生的事故与灾害（人员伤亡或财产损失）的演变趋势，为地方安全生产监管决策提供科学支持，使监管工作在消除隐患，预防事故、促进生产、保障效益的方面充分发挥强有力的引导作用。

【安全生产信息化监管范例】

范例一：吉林省加快推进安全生产信息化建设

近期，吉林省就加快推进安全生产信息化建设作出部署，要求以需求为导向，以应用为目的，以信息为核心，以数据为支撑，加快信息技术与安全生产的深度融合，全面提升安全生产风险管控、隐患排查、行政执法和应急预警的信息化水平。

明确三个实现。利用2至3年时间，建成功能齐全的安全生产信息平台。实现安全生产"大数据"分析和预警，建设全省安全生产信息资源库，支持联网查询；深化大数据分析应用，建成重大事故灾害风险识别和区域性预测预警系统。实现安全生产执法和隐患排查痕迹化管理，执法人员全部配备智能化装备，实现执法全过程记录；企业通过信息平台开展隐患自查自改自报。实现安全生产风险信息化管控，对重大危险源、重点岗位等风险点实行在线监测和视频监控。

完成六大任务。建设安全生产监管信息系统，形成覆盖省、市、县三级安全生产监督管理部门的行业监管应用系统和覆盖全省的安全生产数据分析系统。建设安全生产云数据中心，统一数据采集、存储、加工、分析、利用和更新。建设应用支撑体系，为全省安全生产领域企业地理位置分布、监管执法、风险管控、联网监控、远程巡查和应急救援提供可视化的管理。建设数据交换支撑，形成全省安全生产监管执法、企业在线监测和预警防控等互联互通、资源共享的信息化一张网体系。建设门户集成系统，实现用户"一平台注册、全系统使用"。建立基础保障体系，满足高清视频会商和应急指挥需要。建立标准规范体系，制定和完善我省安全生产数据标准规范、技术标准规范、业务标准规范、管理标准规范。

资料来源：http://www.gov.cn/xinwen/2017-02/09/content_5166748.htm。

范例二：湖南省信息化手段助推安全监管执法

2018年5月，应急管理部政策法规司司长罗音宇一行对湖南省安全监管执法情况进行督导检查。座谈会上，湖南省安全生产委员会办公室主任，湖南省安全生产监督管理局党组书记、局长李大剑就湖南省安全监管执法工作思路和措施作了说明和推介。湖南省安全生产监督管理局坚持将安全监管执法摆在突出位置，强化法治思维，以事故论成败，以执法论英雄；启动全省执法队伍"三年培训行动"，着力提升执法队伍专业素养；利用信息化手段普及和推广执法软件应用，不断推进执法软件应用全覆盖；湖南省安全生产监督管理局带头开展"强执法防事故"专项行动，将执法情况纳入年度工作考核的重要内容，努力推动全省安全监管执法工作再上新台阶。湖南省安全生产监督管理局党组副书记、副局长罗德龙就如何进一步规范优化执法数据统计、规范诚信体系建设、科学理顺分级执法体系等问题提出意见和建议。湖南省安全生产监督管理局政策法规处负责人就全省安全生产行政执法工作开展情况及下一步工作计划作了简要汇报,执法监察局有关负责人介绍了湖南省安全生产行政执法管理系统运行情况。

近年来,湖南省安全生产监督管理局切实强化安全监管执法意识,加大安全监管执法力度,全面推行计划执法,全省安全生产行政执法工作得到稳步提升。自2016年全面推广应用执法系统以来,全省使用执法系统的执法人数迅速增加,行政执法案件也随之迅猛上涨,执法案卷质量明显提高,执法行为更加规范。

罗音宇高度肯定了湖南省安全生产监督管理局在行政执法工作方面所做的努力,他强调,湖南省要认真落实习近平总书记关于安全生产的重要思想,进一步加强安全监管执法工作,继续发扬好经验好做法,加大力度补齐短板,切实做到在机构改革过程中人心不散、队伍不乱、工作不断、干劲不减。

资料来源:http://yjt.hunan.gov.cn/xxgk/gzdt/sjdt/201805/t20180530_5022329.html。

范例三:泉州市启动智慧安监信息化管理平台建设

2014年12月,泉州市安全生产监督管理局智慧安监信息管理平台目前已完成招投标工作,预计于2015年6月份投入运行使用。建成后的智慧安监信息化管理平台,一方面有利于转变安全监管方式,从原来的传统监管、落后监管方式转变成科技监管、现代监管方式,实现全市安全生产监督管理现代化、信息化、智能化的目标;另一方面有利于进一步落实企事业单位安全生产主体责任和政府部门监管责任,提高全市各级各部门各企事业单位安全生产监督管理水平和工作效率,从而有效预防和减少生产安全事故的发生。

资料来源:http://www.fjsen.com/zhuanti/2014-12/25/content_15452608.htm。

二、安全生产培训类 APP 的运用

随着智能手机和iPad等移动终端设备的普及,人们逐渐习惯了使用APP客户端上网的方式,目前国内各大电商均拥有自己的APP客户端,这标志着APP客户端的商业使用已经普及。不仅如此，随着移动互联网的兴起，越来越多的互联网企业、电商平台将APP作为销售的主战场之一。数据表明，目前APP及手机客户端给电商带来的流量远远超过了传统互联网（PC端）的流量，更有一些用户体验不错的APP使得用户的忠诚度、活跃度都得到了很大程度的提升。

（一）安全生产培训类APP

APP创新性开发为安全生产和应急知识学习提供了先进的平台。通过开发安全生产培训类APP，可提供安全应急知识发布、安全教育培训及个性化学习提升等服务，成为政府、企业、市民终身学习安全知识的记录平台。APP汇集各种真实的情景范例，教授人们如何有效地规避身边的危险，以及遇事该如何进行自救，包含多种营救自救方式方法，可以有效地避免各种危害，不管是工作中、生活中，遇到火灾、水灾、还是其他自然灾害，均可有效地进行预防，提高个人的安全保护意识，还有社会时事新闻实时推送。APP这种现代通信工具，让安全生产学习培训更简单、更智能、更便捷。

安全生产培训类APP可以降低政府安全生产宣传教育的成本，降低安全生产委员会成员单位之间的沟通成本，降低企业政策学习及教育培训成本，降低公众获取应急安全资讯和接受安全教育的成本，拓宽受教育渠道等。它的功能定位为各地方、各部门自管平台和安全培训辅助监管系统，是中小企业安全培训管理工具，员工"宣、教、学、培、研、论"一体化平台，智慧便捷的多功能数字图书馆，国民安全终身学习应急知识的记录者。

（二）安全生产培训类APP的主要功能

常规政府监管任务管理模块包括安全生产委员会等机构快速动员、优于微信的16路音视频会议、专家库管理、网格化管理抓手工具、安全宣教培训数据统计、洞悉全民安全应急意识；企业管理任务管理模块包括企业内部培训管理、企业员工培训档案记录、培训数据统计工具、安全应急专业知识精准推送、四类人员在线考试、定向接收政策消息；市民学习管理模块包括安全应急知识科普平台、形成安全应急知识学习档案、基于市民行为习惯消息推送、提升全民安全应急意识等丰富的资讯和课程学习。

（三）安全生产培训类APP的应用前景

安全生产培训类APP经过多年发展，为适应现有应急管理宣传教育工作发展需要，已成为融媒体运营平台。它可整合城市应急与安全文化资源，建立应急管理和安全生产领域在线教育培训资源库；结合新媒体传播理念和手段，打造应急安全知识传播的公共安全宣传、教育和培训的媒体平台；通过运营数据收集对比分析，指导应急管理和安全生产宣教工作的开展；搭建政府和企业之间的安全宣教、安全监督工作的即时通信平台，高效、及时、精准传达应急管理和安全生产政策，形成新时期应急管理和安全生产宣传教育领域创新力、影响力和辐射力强大的现代运用工具。

【安全生产培训类APP的运用范例】

范例一：深圳市安全生产培训类APP"学习强安"

"学习强安"APP是由深圳市城市公共安全技术研究院专门为广大用户准备的安全应急知识学习和新闻资讯阅览软件，在学习强安APP这里用户可以随时随地学习安全生产和应急知识，学习强安APP支持图文和视频学习，安全应急资讯阅览，随时记录课程内容，课后练习，测评等。

软件亮点：学习强安宣教平台致力于安全知识的全社会共享和高效、泛在化传播；网罗全国各地知名讲师，汇聚名牌大学顶尖智慧，建立了先进的课程录播中心，拥有数百名安全专家的课程开发团队；目前已形成由多个课程系列构成的安全培训课程体系；倾力打造的"大安全、大应急"宣教平台。

功能介绍：丰富学习资源——打造权威思想库、完整核心数据库、丰富文化资源库、智能学习行为分析系统、创新学习生态系统、有效管用学习服务系统；视频学习——视听盛宴中收获鲜活的学习体验。第一频道、短视频、慕课、影视剧、纪录片等源源不断提供海量音视频；在线答题：定制提供在线学习答题。文字题、音频题、视频题，每周一答、智能答题、专题考试，让力争上游的您不断攀升新高度；学习积分——学有所获、学有所用。每日登录、浏览资讯、学习知识、挑战答题、收藏分享，每一种学习行为都会获得积分。

软件特色：资讯——安全领域优质内容权威发布，形式多样，知识便捷获取；培训——定制提供在线培训学习与答题，微课、练习、测评；消息——小组信息即时沟通，任务发布闭环加密，使用者便捷交流；融媒——各区"强安号"自媒体平台入驻，第一时间提供优质安全学习资源，支持个性化订阅。

截至2020年3月5日18：00时，深圳市"学习强安"APP平台总注册2 022 373人，应急体系内激活人数2123人，市民注册数量477 026人，企业激活数量94 819家。

资料来源：https://www.163.com/dy/article/H4PBTUA805340LS4.html。

范例二：北京市安全生产培训网站开通

2009年4月16日上午，北京市安全生产监督管理局在北京市安全生产教育培训基地举行北京市安全生产培训网开通仪式。北京市安全生产监督管理局、北京经济管理职业学院有关领导在仪式上讲话，并共同启动网站开通按钮。北京市安全生产监督管理局人事教育处、科技处、信息中心、宣教中心有关负责同志出席仪式，北京市部分重点企业负责人，约300人参加仪式。

北京市安全生产培训网的建设，是我市安全生产培训教育工作向着公众化、信息化发展目标迈进的重要一步。网站的开通，丰富了安全生产培训形式，拓宽了安全生产培训的信息沟通、交流和共享平台，强化了政府的公众服务职能。网站充分发挥网络信息传播迅速、传播广泛等特点，以领导干部、安全生产监管人员、企业从业人员以及安全生产研究人员为主要服务对象，功能定位于普及安全生产知识、共享安全生产培训资源、引导人员在线学习。共设有培训动态、通知公告、推荐课程、在线学习、知识中心、警钟长鸣、资格考试、政策法规、培训机构、注册安全工程师、培训教师、培训教材、在线答疑13个一级栏目。其中，推荐课程、在线学习、知识中心等栏目的设置集中体现了培训网内容

"丰富性、实用性和深入性"特点。

下一步，北京市安全生产监督管理局将在各区县安全生产监督管理局、三四级培训机构、市属大型企业中建立"安全生产培训联络员制度"，提升网站运营维护水平，发挥网上培训教育功能，并将启动市区两级安监干部在线学习计划，逐步开放"安全生产网上讲堂""安全文化网上论坛""安全发展网上沙龙"等特色栏目。

资料来源：http://yjglj.beijing.gov.cn/art/2009/4/17/art_6058_167778.html。

三、"安全第一课"培训

为深入贯彻落实国务院安全生产委员会《关于进一步加强安全培训工作的决定》（安委〔2012〕10号），提升市民安全意识和文明素养，特别是针对节假日复工复产安全生产容易疏忽的薄弱环节，全国部分地方以政府主管部门为主导，近年来开展了"安全第一课"培训工作，对全体市民开展全覆盖的长期性、常态化的安全培训。

（一）"安全第一课"培训的组织

为加强对"安全第一课"培训工作的领导，部分地方成立了以行政首长为组长的"培训工作领导小组"，各政府部门、街道办事处负责人为成员，并明确了各成员单位职责。"培训工作领导小组"下设办公室，办公室设在人力资源部门或应急管理部门，负责"安全第一课"培训统筹协调、组织落实工作。各街道（乡、镇）成立相应的"安全第一课"领导小组及办公室，负责本辖区范围"安全第一课"培训工作的具体组织实施。

培训工作分阶段实施，每年以春节后复工复产为起点时间，全面铺开，目前已形成长效工作机制，力求不断增强人民群众安全意识和终身学习观念，提升人民群众综合素养与职业能力，提升城市品质。

（二）培训的内容和方式

部分地方"培训工作领导小组"开发提供统一使用的标准化安全视

频课程及相关辅助教材，对地方各街道辅导员队伍开展岗前培训。街道（乡、镇）领导小组办公室组织人员开展本街道（乡、镇）社区、小区、园区、厂区人员培训工作。培训工作一般分为两个阶段推进：第一阶段采取线下方式，通过播放标准化视频课程、发放辅助教材及辅导员现场辅导等形式开展安全、应急及公共文明教育。利用社区（工业园区）和村（单位）党群服务中心平台开展相关培训工作，学员通过扫描专用二维码，完成线下注册、签到、测评、满意度调查、发证。第二阶段采取线上方式开展职业健康与安全、法律法规、职业技能、城市百科等培训。学员通过登录公共网络平台完成线上注册、签到、培训、测评、满意度调查、发证。

部分地方"安全第一课"包含了生产经营单位三级培训和日常培训内容，要求生产经营单位安排员工登录网站，认真学习并取得当年的"安全第一课合格证"。结合安全生产监督管理职能，在安全生产执法检查过程中，对重点培训对象开展专项检查时，要将生产经营单位参加培训情况与行政执法有效结合，督促重点对象参加培训。相关成员单位结合各自职能，要求制定相关执法监督细则（含奖惩措施等），对分管领域重点培训对象开展专项检查。交通、房屋租赁、住房建设等关系生产、生活的安全管理和执法部门要开展执法监督，采取可行措施，将市民参加培训情况与行政执法、行业监管有效结合，督促重点对象参加培训。

（三）培训对象

一般地方培训分三类人员："带头学"群体，包括辖区党员、政府部门工作人员等；"率先学"群体，包括城市新居民、企业管理人员及员工、出租屋业主、实际经营者和承租人、建筑工程（含零星工程）负责人及施工人员等；"自愿学"群体，包括辖区内除"带头学""率先学"群体外的所有人员。行政区各街道（乡、镇）要求对培训目标人数进行统计和分解，力求达到行政区从业人员全覆盖和居民总人口的80%以上。

（四）培训内容的扩展和前景

"安全第一课"培训近几年已扩展至城市文明建设大部分内容，已超出安全生产的范围，为城市居民特别是新进入城市的务工人员提供了很好的城市文明学习平台,演变为"城市第一课"。它的扩展内容包括以下两点。

(1) 线下培训。各街道、各社区根据辖区培训对象就业的实际情况及分布特点,采取"1+4"模式进行培训。"1"为通用知识培训,包含居家出行安全、应急知识、素质提升、文明礼仪、社区共建共治共享等日常安全、生活知识;"4"为针对培训对象的行业特点,增加一项专业安全知识培训,包含房屋租赁、工业企业、建筑行业、交通运输行业(包括快递物流、外卖配送、各类工程用车等)四大领域的行业安全知识。

(2) 线上培训。依托公共网络平台采取"1+4+N"模式,即除涵盖上述"1+4"模式内容外,内容逐步拓展到职业健康、城市百科、职业技能等综合类培训,由学员按自愿原则选择专业化培训项目。

"安全第一课"培训已成为部分地方高水平建设安全文明城市的重要抓手,根据工作方案要求至少持续三年以上。每年年终"培训工作领导小组"及时对培训工作进行总结评估,查找存在的问题和不足,提出下一步工作措施。该项工作已纳入部分行政区街道、各部门年度安全综合考核指标体系,并有政府相关经费保障支持。培训工作领导小组办公室强调要重点抓好视频课件质量,创新线上学习激励方法,激发市民学习热情;各成员单位应建立一把手负责的工作领导机构,有针对性地细化各自工作内容和相应业务流程,将工作落实到具体岗位、具体责任人;各街道(乡、镇)将培训目标落到社区、村、单位,并以追求实效为前提,扎实推进"安全第一课"的安全生产培训工作。

【"安全第一课"范例】

范例一:深圳"宝安第一课"提高安全知识增强安全意识

2018年6月6日,记者受邀参加深圳市宝安区"媒体走基层"之走进"宝安第一课"主题采访活动,来到桃源居社区课堂现场,见证了一堂别开生面、互动积极的市民培训课。深圳市宝安区作为人口和产业大区,用宽广的胸怀,热情欢迎、真心接纳来自全国各地的有志之士来宝安干事创业、成就梦想。但是,人口和车辆数量的不断增加,各类安全事故也频繁发生,2017年全区发生电气火灾200起,其中住宅电气类火灾95起；2017年1月至2018年4月，全区发生交通事故532起，受伤307人，死亡131人，触目惊心的事故数据背后是市民群众安全意识淡薄，安全知识的匮乏。据统计，宝安现有人口500余万，其中大部分为外来务工人员，安全意识薄弱，在日常生活中对存在的安全隐患不够重视，事故发生时又不能作出正确的防护和逃生措施，严重威胁人民群众生命财产安全。

为切实提高市民的安全意识、文明素养及应急能力，增强家园意识和城市认同感，按照区委区政府建设"湾区核心、智创高地、共享家园"工作部署，对全体市民开展全覆盖培训，整合多种教育资源，针对重点对象，深入社区开展统一的教育培训。据悉，"宝安第一课"第一阶段重点培训对象为电动自行车车主、出租屋业主、实际经营者和承租人，培训电动自行车安全、出租屋安全、公共文明等内容。课程主要设置了居家安全、出行安全、应急知识、文明礼仪四个部分，计划用3个月时间培训约100万人。

为配合做好"宝安第一课"宣传工作，推动"宝安第一课"培训工作在全区范围内的全面落实，宝安区安全生产监督管理局将"宝安第一课"内容融入安全生产月各项活动，努力做到提高全区市民的安全知识储备，增强员工安全意识。

资料来源：https：//www.sohu.com/a/234548032_476818。

范例二：山东聊城上好开工安全"第一课"

2021年春节假期已过，各停产企业即将复工复产。为进一步加强节后复工的安全生产管理，确保全市复工安全，山东省聊城市应急管理局隐患排查、警示教育，上好开工安全"第一课"，把好复工复产"安全脉"。

"安全生产重于泰山，2021年我们要继续落实企业主体责任，做好隐患排查治理和风险分级管控工作，大家要严格落实各自的安全生产岗位职责，遵守操作规程，坚决杜绝违章操作。"2月18日上午，临清市新华路街道临清市新科精密机械有限责任公司总经理主持召开"开工第一课"安全培训会议。春节开班第一天，各企业主要负责人采取召开会议、组织专题讲座、集中观看视频、开展隐患自查自纠等多种方式落实安全第一课措施，切实加强员工的安全生产教育培训，督促全体职工从节日的气氛中走出来，全身心投入到工作中去，做好工作岗位和机械设备的隐患排查治理，做到不安全不复产。各企业制订科学的复工复产方案，严格落实各项安全措施，并在复工前5日向所在辖区应急管理部门报告，接复工复产报告后，各县（市、区）局要做好安全督导，确保复工复产安全。

资料来源：http://www.sd.xinhuanet.com/sd/lc/2021-02/20/c_1127118247.htm。

范例三：湖南省安全生产委员会办公室下发通知 部署开展"开工第一课讲安全"活动

春节假期即将结束，湖南省各类生产经营单位将面临集中复工复产，2月4日，湖南省安全生产委员会办公室下发通知，决定组织生产经营单位开展"开工第一课讲安全"活动。

通知指出，春节长假后企业陆续恢复生产经营活动，各类设施、设备由于停产、停工需要重新检验、检测、启动，安全生产现场管理需要强化；假期员工走亲访友思想放松，上班后容易产生松懈情绪、麻痹思想，安全生产意识需要加强；一些企业新招录员工或员工岗位调整，安全培训不到位或未经培训上岗作业，极易发生生产安全事故。组织生产经营单位开展"开工第一课讲安全"活动，目的是要求各生产经营单位落实安全生产培训主体责任，落实"开工第一件事就是讲安全、抓安全"要求，教育和引导员工迅速进入工作状态，掌握本职工作所需的安全知识和安全操作技能，增强事故预防和应急处理能力，有效防范和遏制各类事故的发生。通知要求，春节后复工复产的各生产经营单位都要开展"开工第一课讲安全"活动。活动时间为复工复产后的第一个上班日。生产经营单位要根据企业实际，针对假期后员工易出现的身心疲惫、心情烦躁、精力不集中、情绪不稳定等因素，及停工停产设备设施维修保养不当等问题，精心策划活动，达到统一思想、分析形势、开展警示、安排部署安全工作等目的；生产经营单位主要负责人要亲自参加活动并提出要求，有条件的要亲自授课，没有条件的要邀请专家及专业人员进行专题辅导授课。

通知强调，要切实加强"开工第一课讲安全"活动督导检查。各市州和县市区安全生产委员会办公室要把"开工第一课讲安全"活动作为节后复工安全生产工作的一项重要工作安排好，按照属地管理原则，全面负责本辖区内"开工第一课讲安全"活动的督导、检查；各安全生产委员会成员单位按照"三管三必须"原则，负责本系统、本行业领域生产经营单位"开工第一课讲安全"活动督导、检查。要提高认识、细化具体措施，确保生产经营单位100%落实到位。各负有安全生产监管职责的部门一方面要积极主动上门给企业授课，另一方面要积极想办法帮助不具备授课条件的企业解决授课困难。要通过电视、广播、报纸以及微信微博等新媒体平台，对生产经营单位开展"开工第一课讲安全"活动好的做法进行广泛宣传，营造浓厚氛围。

资料来源：http://yjt.hunan.gov.cn/yjt/xxgk/gzdt/sjdt/202202/t20220207_22477163.html。

第五节　创新型安全生产监管方法

创新是指以现有的思维模式提出有别于常规或常人思路的见解为导向，利用现有的知识和物质，在特定的环境中，本着理想化需要或为满足社会需求，而改进或创造新的事物、方法、元素、路径、环境，并能获得一定有益效果的行为。创新是一种人的创造性实践行为，这种实践为的是增加利益总量，需要对事物和发现的利用及再创造，特别是对物质世界矛盾的利用及再创造。人类通过对物质世界的利用及再创造，制造新的矛盾关系，形成新的物质形态。发现与创新构成人类相对于物质世界的解放，是人类自我创造及发展的核心矛盾关系，对于发现的否定性再创造才是人类创新发展的基点。

"坚持改革创新"作为《意见》的基本原则，要求安全生产监管工作不断推进安全生产理论创新、制度创新、体制机制创新、科技创新和文化创新，增强企业内生动力，激发全社会创新活力，破解安全生产难题，推动安全生产与经济社会协调发展。目前，创新的监管方法主要有安全生产标杆监管、安全生产"智慧化"监管、逆向监管、信用监管等，因其监管效果尚未完全显现，就其针对的监管内容来说，暂无法将其归于哪一类别。

一、安全生产标杆监管

在现代企业管理中，"标杆管理""企业再造""战略联盟"为西方管理学界三大管理方法。其中"标杆管理"（bench marking）的实质是通过模仿与创新，开展有目标的学习，更深动、更直观、更全面地了解行业或岗位优秀的管理方法，是企业将自己的产品、服务、生产流程、管理模式等同行业内或行业外的优秀企业作比较，借鉴、学习他人的先进经验，改善自身的不足，从而提高竞争力，追赶或超越标杆企业的一种良性循环的管理方法。"标杆管理"是一种模仿，但不是一般意义上的模仿，它是一种创造性的模仿。它以他人的成功经验或实践为基础，通过定点超越获得最有价值的观念，并将其付诸于自己企业的实践。它是一种"站在别人的肩上再向上走一步"的创造性活动。"标杆管理"提供了一种可行、可信的奋斗目标以及追求不断改进的思路，企业可以通过实施"标杆管理"，不断发现自身同目标企业的差距，寻找缩小差距的工具和手段。该管理方法运用于安全生产监管领域就是安全生产标杆监管。

（一）安全生产标杆监管的原理

安全生产标杆监管是在先确定同行业或相类似的安全管理优秀单位为安全标杆的前提下，通过引导和鼓励地方参与方比较参照，通过向其学习与模仿，达到提高地方安全管理水平的监管方法。实施安全生产标杆监管，可以将地方行业或岗位某些优秀的安全管理模式迅速推广和运用，通过模仿和学习，促进参与者重新思考和改进，从而创造适合自身的、最佳的安全管理模式和方法。它的重要特征是具有直观性和可操作性。首先，通过参观学习，让参与方对先进的安全管理形成直观的感性认识，使模仿和学习更加深刻和容易。其次，通过理性的思考会产生"人家能做到，我为什么做不到？"的认识，使参与方产生持续学习的动力，让参与方认识到"赶""学""超"的重要性。生产经营单位的安全永远是动态变化的，只有持续追求最好，才能获得持续的安全，这也是安全生产监管"标杆管理"的活力和动力所在。最后,"标杆管理"为参与方提供了优秀的安全管理方法和工具,通过向安全标杆学习,达到事半功倍的效果,具有实际可操作性。

安全生产标杆监管符合安全管理人本原理之激励原则。安全生产标杆监管就是参照"标杆管理",通过评估和策划,将地方某领域、行业、岗位安全管理优秀单位树立为安全生产标杆,引导和鼓励地方相类似的参与方学习与模仿安全生产标杆单位的安全生产管理模式,以达到或超过安全生产标杆单位的安全生产管理水平为目标,从而提高地方整体安全生产监管能力的监管方法。实施安全生产标杆监管的地方可以根据实际情况,设立若干家安全生产标杆单位,利用参观、学习、帮扶等方法,将安全生产标杆单位优秀的安全生产管理模式迅速推广和运用。安全生产标杆监管就是利用安全生产标杆调动参与者的积极性和创造性,激发参与者的内在潜力,使其充分发挥安全生产管理的积极性、主动性和创造性。它的工作原理表现为以下几点。

(1) 安全生产标杆监管提供了对参与方安全绩效评估的工具。在地方树立安全生产标杆可以辨识出地方同类型或同岗位的生产经营单位安全生产管理水平优劣,安全生产监督管理部门通过辨识可以遴选出最佳安全生产绩效的单位作为标杆,通过与标杆比较,参与方可以明确自身所处的地位、明确自身的安全生产管理运作水平以及需要改进的地方,从而制定适合的、有效的安全生产发展方案。安全生产监督管理部门可以通过设定可达到的安全生产目标,来改进和提高参与方的安全生产绩效。参照安全生产标杆企业的安全生产管理水平,安全生产目标要有明确的标准,有达到的途径,使参与方坚信安全生产绩效可以提高到最佳。

(2) 安全生产标杆监管提供了参与方增长安全生产管理能力的工具。参与方通过"标杆管理",向安全生产标杆学习,能找出自身的不足,全面提高安全生产管理能力,使生产经营单位成为学习型团队。安全生产监督管理部门通过树立基准,经过一段时间的运作,参与方有可能将注意力集中于结合本单位实际,增强自身的安全生产管理能力建设,形成固定的企业安全文化。通过对安全生产标杆的比较,可以追踪把握到外部环境的发展变化,找出差距,提高生产经营单位的本质安全能力,从而能更好地满足自身的安全需要。

(3)安全生产标杆监管提供了衡量参与方安全管理工作优劣的工具。安全生产标杆监管已经在不同地方开始了实践,通过安全生产标杆监管,有了安全生产标杆作为参照和标准,从安全效果、安全管理措施、安全管理制度各方面衡量出参与方安全生产管理工作好坏,可以明显区别出安全生产管理优劣的生产经营单位。安全生产标杆监管实施部门通过对参与方安全管理效果及其流程系统的严格检验,对其安全生产管理工作高度认同时,适时颁发相关证书进行鼓励,这会使参与方产生巨大的成就感。参与方要想知道安全生产标杆为什么或者是怎样做得比自己好,就必然要遵循"标杆管理"的概念和方法。

(二)安全生产标杆监管的内容

安全生产标杆监管的具体实施内容要区别行业、岗位的差异,因为不同行业、岗位有不同的衡量标准。地方安全生产监督管理部门要根据地方行业的现状和发展前景,结合地方产业发展战略,考虑参与方整体安全生产管理水平及其安全生产投入成本、时间和收益,来确定安全生产标杆单位,从而确定安全生产标杆监管计划。安全生产标杆监管基本思路大致一样,应用过程大致可分为四个阶段,即策划阶段、安全生产标杆单位评估与树立阶段、推广阶段、验收和提升阶段。各阶段工作内容如下所述。

(1)策划阶段。策划阶段的工作包括成立安全生产标杆监管小组,确定安全生产标杆监管的内容、选择安全生产标杆监管目标、组织学习推广的方式方法、建立监管评价指标体系,并收集相关的情报信息。

确定安全生产标杆监管的内容,是指安全生产监督管理部门为达到提升地方安全生产管理水平,认为参与方需要改善或希望改善的,包括安全生产目标职责、安全生产管理制度、安全生产教育培训、现场管理、安全生产风险管控及隐患排查治理、应急管理、事故查处、持续改进等几个安全生产管理重要环节。安全生产标杆监管是一个将参与方自身情况和本行业、岗位安全生产管理优秀的最佳部门、组织(标杆单位)进行比较,并向它们学习,吸收它们的成功经验和做法的过程。因此,安全生产标杆监管的前提是安全生产监督管理部门需注重实效性和可操作性,找出地方安全生产监管薄弱环节和高危行业,有针对性地实施监管,并且树立的安全生产标杆的安全生产管理模式要具有地方普遍适用性，否则很难推广，监管效果也会大打折扣。一般来说，要重点对安全生产至关重要的环节、工艺、岗位进行安全生产标杆监管，这样才能取得良好的效果。不同生产经营单位由于其生产性质不同，安全生产关键环节也有所不同，如粉尘涉爆类生产经营单位的首要安全生产环节是保障粉尘浓度不超标和无点火源；人员密集类生产经营单位的首要安全生产环节是确保场所火灾隐患得到有效排除，消防设施合格和安全出口畅通等。因此，地方安全生产监督管理部门需要根据自己的实际情况选择安全生产标杆监管的具体内容。

选择安全生产标杆监管目标。安全生产监督管理部门确定了安全生产标杆监管的内容后就要选择安全生产标杆。安全生产标杆监管的"基准"目标，即安全生产标杆监管的"杆"是参与方想要模仿和超越的目标，它可以是本行业内部的安全生产管理最佳单位，也可以是某生产经营单位危险岗位安全生产管理最佳部门。安全生产标杆监管中，一般情况下"安全标杆"为本行业的安全生产领袖生产经营单位，足以发挥示范引领作用；也可以是行业外部的生产经营单位，其某一危险岗位安全生产管理卓越，值得大家学习和借鉴。同时，安全生产标杆安全生产管理方法要形成体系，有一定特色，满足安全生产目标职责清晰、管理制度完善、教育培训全面、现场管理优良等条件，满足大家参观学习的需求。安全生产标杆要有足够的担当，有接受大家学习和观摩的能力，愿意为地方或行业安全生产工作奉献自己的力量。

组织学习推广的方式方法。安全生产标杆监管小组应根据地方参与方现阶段的具体情况，包括地方企业安全文化、资金、技术、人员因素等，结合信息分析的结果，形成可操作的学习观摩和改进计划。计划内容应包括召开"安全生产标杆监管推进动员大会"的安排、安全生产标杆学习观摩场地和场次的安排、"安全生产标杆单位安全生产管理经验交流会"的安排、参与方整改计划及实施方案、对参与方的帮扶措施等。同时，需明确安全生产标杆监管所要达到的发展目标、具体的改进对策、详细的工作进度、计划实施的重点和难点、可能出现的困难和偏差等。

建立监管评价指标体系。安全生产评价指标体系是安全生产标杆监管之"标"，是与参与方相比较的基础。在确定安全生产标杆评价指标体系内容时，应在力求反映影响生产经营单位安全管理要素全貌的基础上突出重点，尽量精减，以减少工作量和复杂程度，但选择保留的指标至少应涵盖安全生产标杆安全生产管理所有关键成功因素。

（2）安全生产标杆单位评估与树立阶段。在完成策划阶段的工作后，安全生产标杆监管工作就进入了安全生产标杆单位评估与树立阶段，通过这个阶段的工作，寻找安全生产标杆单位，提出安全生产标杆监管所要达到的目标以及未来工作的标准。本阶段的具体工作包括信息收集、综合评估及确立标杆。

信息收集。信息收集是安全生产标杆监管的重要环节，是进行安全生产标杆评估工作的重要基础。收集信息之前，必须明确几个问题。首先，必须确定收集生产经营单位哪方面的安全信息以及所需信息的具体程度，从而在众多的信息中识别出有用信息。其次，必须确定信息源，这样才能快速、有效地收集到所需信息。通常信息来源的主要渠道有地方安全生产监督管理部门的检查记录、安全生产监督管理部门历年事故统计、安全考评报告及统计、生产经营单位内部信息、公开披露的信息和外部非公开信息等。最后，要根据具体情况确定收集安全生产数据。收集安全生产数据一般可通过实地调查、文献资料检索、网络检索等途径进行。

综合评估。收集完地方相关生产经营单位安全生产信息后，需要进行评估。信息处理的具体工作包括对所收集信息的鉴别、分类、整理等。

确立标杆。根据综合评估的结果确定安全生产标杆单位。综合评估是确立安全生产标杆单位的关键环节，只有通过对收集到的信息进行全面深入地分析和评估，才能真正认识安全生产标杆单位的安全生产管理运作为什么比地方其他生产经营单位更好，好到何种程度，生产经营单位应如何学习或创新才能达到或超过安全生产标杆的水平。安全生产标杆监管就是要求找出其他单位与安全生产标杆的差距，找出产生差距的原因以及取得最佳安全管理的关键成功因素，识别地方生产经营单位安全管理的优势和劣势，从而达到安全生产标杆监管预期的目标。

（3）推广阶段。安全生产标杆监管推广阶段包括学习和观摩、指导与互助、持续改进、调整与总结几个环节。安全生产标杆监管小组应以政府监管的名义，利用报纸、电台、媒体等各种途径，宣传安全生产标杆监管工作，营造氛围。

学习和观摩。安全生产监督管理部门应安排参与方学习安全生产标杆单位先进的安全生产管理经验。

指导与互助。安全生产标杆监管小组应配备专业人员，参照安全生产标杆单位的安全生产管理模式，深入参与方生产现场对其安全生产管理工作进行指导，安全生产标杆单位也可以安排专门的安全生产管理人员帮助参与方完成相应的改进工作。

持续改进。通过学习和观摩等几个环节，参与方应参照安全生产标杆单位，结合自身实际情况，制订相应的安全管理改进计划。改进工作的实施需要生产经营单位领导和员工的积极参与及配合，因此应将拟订的计划、所要达到的目标、前景告知生产经营单位内的各个管理层及员工，使其在计划实施过程中保持目标一致、行动一致。同时，整改工作需要人、财、物的投入，是一个持续的过程，不可能一蹴而就。研究表明，安全生产标杆监管提供的模式和方法，可以帮助参与方节省安全开支，并可帮助参与方建立先进的安全管理制度。

调整与总结。参与方在实施改进计划的过程中，需要结合本生产经营单位实际，对实施过程进行监控和评价。监控是为了保证实施按计划进行，评价则是为了了解改进实施的效果。如果无法取得满意的效果，就需要返回上面的环节进行检查，找到原因并重新改进，以期达到最佳效果。通过一段时间的改进，参与方应进行归纳总结，将好的经验和方法纳入日常安全管理中，使生产经营单位能从源头上管控风险、消除隐患。

（4）验收和提升阶段。安全生产标杆监管小组应根据指标体系的重点内容确定检查考核标准，对参与的生产经营单位进行验收。代表地方政府对符合或超过标准的参与方予以褒奖，对达不到标准的参与方，根据相关规定采取措施，必要时予以行政处罚。

安全生产标杆监管在一定时期及范围内提高了地方安全生产监管水平，在某一领域取得了安全生产优势，并不意味着地方安全生产标杆监管工作的彻底结束。一方面，应急管理部门应及时总结经验、吸取教训；另一方面，生产经营单位应针对环境的新变化或新的管理需求，对安全生产标杆单位进行跟踪学习。

（三）安全生产标杆监管的要求

（1）提高标杆对象选择范围的广泛性。标杆的选择应打破传统的职能分工界限和生产经营单位性质与行业局限，重视实际经验，强调具体的环节、界面和流程，可以寻找整体最佳实践，也可以发掘优秀"片断"进行标杆比较。

（2）注重数据的收集。安全生产标杆监管是一种面向实践、面向安全生产管理过程以方法为主的监管方式。数据是实践结果的反映，因此对于生产经营单位及标杆对象的实践活动，应收集事故、隐患整改、员工安全培训等相关数据，并对这些数据进行分析，将数据分析放在重要的位置。

（3）参照标杆，找到关键因素。生产经营单位的安全生产管理水平虽然与多种因素相关，但其中必然有几个因素是影响生产经营单位整体安全生产水平的关键因素，只有参照安全标杆找到这些关键因素并将它提高，才能提高整体水平。任何生产经营单位要想有效地提升安全生产管理水平，在现有资源环境条件限制下，必须找出关键因素，将有限的资源用于消除安全生产薄弱环节，并加强安全生产管理，才能有效地提高自身的安全生产管理水平。

（4）注重安全生产意识和观念的提升。首先要有安全生产系统优化和持之以恒的思想。安全生产标杆监管的成功很大程度上取决于持续改进的生产经营单位安全生产文化和追求更好的价值观，而我国的生产经营单位，特别是中小民营企业公司大多持有安于现状、小富即安的价值观。生产经营单位需要在不同的发展阶段、发展水平下，选择最适合的安全生产标杆。其次要培养学习创新的精神。安全生产标杆监管的本质是学习和创新，各个生产经营单位的安全生产管理要不断结合自身的实际情况，在分析安全生产标杆的同时适时调整自己的安全生产管理策略，进行永续标杆的循环，走一条不断发展、持续提升的安全生产管理之路。

【安全生产标杆监管范例】

范例一：安全生产标杆企业示范带动，筑牢安全生产防线——济宁高新区扎实推进"双重预防体系"建设

自2018年7月底开始，济宁高新区安全生产监督管理局精准施策、多措并举,对高新区22家标杆企业双重预防体系建设情况开展了评估摸底、标杆企业负责人座谈推进、驻厂督促帮扶等一系列活动,确保全区企业按照时间节点完成双重预防体系建设任务。

"把双重预防体系建设情况纳入到日常执法和集中执法中,通过严格执法倒逼生产经营单位积极推进。"在8月3日召开的全区"双重预防体系"标杆企业座谈推进会中,济宁高新区对下一步的"双重预防体系"建设的工作重新明确了责任与标准。根据工作安排部署,高新区安全生产监督管理局每天派驻专人分批次进驻22个标杆企业进行"双重预防体系"建设现场督导,在过程中,针对企业创建工作面临的困惑和难题,高新区安全生产监督管理局创新形式、因企施策,采取专家指导、亲自帮扶、跟踪督导、观摩学习等方式,为企业补短板、抓弱项,提供一站式服务。"双重预防体系建设,事关企业员工生命安全和日常安全生产工作,容不得半点马虎。"正在高新区源根石化检查各类安全生产台账的安全生产监督管理局工作人员说,山东源根石油化工有限公司作为高新区"双重预防体系"建设的22家标杆企业之一,一直将安全生产分级管理和隐患排查治理工作纳入日常安全生产的考核标准范围内,在高新区安全生产监督管理局的指导帮扶下,建立了一套行之有效的安全生产体系。

据高新区安全生产监督管理局相关负责人介绍,下一步,除22家标杆企业外,还将在全区159家企业继续督促双重预防体系建设开展工作,推广信息平台的信息数据录入,确保双重预防体系建设工作的有效运行,并向纵深发展。

资料来源:https: //epaper. qlwb. com. cn/qlwb/content/20180817/ArticelHC02002FM. htm。

范例二:聚焦永州标杆企业——安全生产永远在路上

2016年11月3日至5日,湖南省永州市举行安全生产主体责任落实标杆企业示范创建流动现场会。副市长蒋善生,各县区分管负责人、安全生产监督管理局局长以及全市30余名标杆企业代表走进全市15家标杆企业,现场观摩各企业落实安全生产主体责任的特色和亮点工作。

在参观中,与会代表纷纷表示,此次观摩受益匪浅,安全生产只有进行时,安全生产风险无处不在,必须不断地排查、不断地整治,找差距、补短板，切实提高企业安全生产水平，才能实现安全和效益的双赢。双牌水电站是一座集发电、灌溉、航运与防洪等综合效益于一体的大型水利水电枢纽工程。在安全生产工作中，双牌水电站建章立制，推行规范化操作，对安全生产实行定量操作和目标考核，将各项安全生产目标进行层层分解，并层层签订安全生产目标承包责任书，全力构建"一线严密防控、全站上下联动、专管群治结合"的安全生产工作格局，连续9年实现了安全生产零事故目标。"隐患不过夜，险肇当事故，举报有奖，违章必究"，这是江华海螺水泥有限责任公司的安全管理手段之一。今年以来，该公司共排查治理隐患1301余项，纠正不安全行为262人次，真正做到了全覆盖的安全排查，让安全生产隐患无处藏身，在2016年10月份达到国家安全生产监督管理总局隐患排查治理体系一级达标A级企业标准。实现从"要我安全"到"我要安全"的根本转变，这是永州湘威运动用品有限公司在安全生产培训上的目标。为了提升员工的安全素质，永州湘威运动用品有限公司组织开展了要害岗位人员自救与互救技能培训、安全生产管理人员培训、应急演练等系列活动，同时，设置安全生产宣传栏、职业卫生公告栏，张贴和悬挂安全生产警示标语等，让员工不仅意识到"我要安全"，而且切实做到"我会安全"。湖南神斧集团湘南爆破器材有限责任公司是全国民用爆破器材生产定点骨干企业，现有在岗员工850人。近年来，公司投入近千万元对各生产线进行安全技术改造，在工艺技术进步方面不遗余力，同时，对现有设备进行"小改小革"，不断提升本质安全条件，确保安全生产。

资料来源：https：//hn.rednet.cn/c/2016/11/07/4128350.htm。

二、安全生产"智慧化"监管

（一）安全生产"智慧化"监管的原理

安全生产"智慧化"监管是将安全生产信息在互联网技术发展及其大数据运用的基础上通过建设平台进行分析，具备了一定的筛选查询、自动识别、导航定位、形象立体设计等智慧功能，并可进行自动化报警和部分事务处理的监管方法。该监管方法是《意见》中提出的"加强安全生产理论和政策研究，运用大数据技术开展安全生产规律性、关联性特征分析，提高安全生产决策科学化水平"具体目标的实践与探索。

安全生产"智慧化"监管依托于"智慧城市安全"平台的建设。为贯彻落实《国务院关于积极推进"互联网＋"行动的指导意见》（国发〔2015〕40号），主动适应经济发展新常态，顺应网络时代发展新趋势，利用互联网技术和资源，促进国家经济转型升级和社会事业发展，2015年开始全国各省、市以政府为主导，进行了城市管理信息平台的建设。在此基础上发展了"互联网＋公共安全"子项目，进行城市智慧化安全管理即"智慧城市安全"平台建设。其中安全生产监管和应急救援处置作为平台重要展示项目，要求生产经营单位、政府监管部门及社会公众等应急管理主体之间的信息进行交流和广泛参与，加强对各类生产经营活动的安全生产监管，重点突出了对危险化学品及烟花爆竹等危险品生产、经营、运输、储藏、使用等环节的管制；利用互联网技术，加强对人员密集场所（机场、车站、码头、大型商城、农贸市场等）、特种设备、道路交通、重大危险源的动态监测。并将之前进行的安全生产信息化建设成果进行了对接和嵌入。

安全生产"智慧化"监管是在安全生产信息化基础上建立的创新型监管模式，同样符合安全系统原理之动态相关性原则，是运用该理论在现代计算机网络、大数据、物联网和人工智能等技术的支持下对安全生产信息化监管更深层次的探索。得益于互联网技术的高速发展、国家经济转型升级和社会事业发展的需要，"智慧城市安全"已纳入国家城市发展战略。

（二）"智慧城市安全"平台的内容

"智慧城市安全"平台的主要内容包括以下几点。

（1）建设"安全地图"，生产经营单位定位上图，收集生产经营单位信息，并可按照街道、社区分类查询，实现生产经营单位基本信息的查询展示，可在第一时间掌握生产经营单位安全生产基本情况。

（2）生产经营单位危险特性的展示。及时了解生产经营单位的危险特性，如是否属于重大危险源、是否涉及危险化学品、特种设备、粉尘等危险因素，便于在监管中把握重点，分级监管。

（3）隐患排查治理情况的展示。实时记录生产经营单位安全生产隐患自查及政府对该生产经营单位开展巡查的情况，可展示历史自查和巡查记录、隐患内容、整改情况等，便于对生产经营单位的隐患排查治理情况作出分析判断。在系统中，通过生产经营单位基础信息平台，全面了解全区域产业结构、区域分布、生产经营单位分类，科学评估区域、行业领域安全风险；通过隐患排查治理平台，及时掌握全区安全隐患的排查和治理现状、隐患的存量及增量、隐患分布及类别，有针对性地开展专项治理；通过安全生产隐患自查自报平台，实时采集生产经营单位上报的信息，对排查的一般隐患、重大隐患和隐患的类别分布、行业特征以及整改状态等信息实时分析、统计和即时更新。

（4）通过责任制量化绩效考核平台，全过程监督、考核地方和各行业部门安全生产责任落实情况。定期公示排名，增强安全生产责任制考核的约束力和公信力，形成安全生产委员会办公室统筹协调、政府属地管理、行业部门监管、生产经营单位主体责任自负的齐抓共管大格局。

（5）安全生产移动巡查/执法系统对接智慧大平台，实现城市管理资源共享，用于生产经营单位的基础信息管理、巡查检查、隐患排查、执法检查等安全生产管理工作。

（6）建设生产经营单位危险点实时监控及预警系统。在部分地方选取若干家粉尘涉爆、涉氨制冷、有限空间、危险化学品使用等重点生产经营单位，对其重点部位进行物联网监控，通过物联网技术实现生产经营单位危险点实时监控及预警。

（7）推进森林、草原、矿山、危险化学品、烟花爆竹、金属冶炼、消防重点单位等领域和灾害事故现场感知端建设。接入气象、地质灾害和交通、建筑施工、特种设备等行业领域感知信息，依托互联网、应急通信网络传输汇集至应急管理数据中心，实现对感知对象的部分监控功能，满足风险隐患和灾害事故数据的部分感知要求。

（8）其他功能。包括对地图上定位生产经营单位的关键字查询和一键式搜索，通过输入生产经营单位信息里包含的关键字，一键式查询和显示所涉及的所有生产经营单位，便于安全生产监督管理部门确定专项排查整治的范围和重点；以地图为基准，实现目标生产经营单位的精确导航，在事故发生或应急救援时能够快速定位和到达该生产经营单位，避免因信息沟通不畅或路径不熟悉导致的时间延误等实用功能。

（三）安全生产"智慧化"监管的前景

安全生产监督管理要做到责任明确，落实到位，能够管理与控制生产中的一切人、物、环境的状态，防患于未然，预防各类生产安全事故的发生，最终实现生产经营单位的安全生产和平稳发展。安全生产"智慧化"监管通过计算机信息系统建立的各种数据模型与传感器采集的计算数据，广泛使用云计算、光纤、无线通信、遥感、传感、红外、微波、监控等科学先进技术设备管理安全生产。实现对涉安人员不安全行为和事物不安全状态，迅速、灵活、正确地理解和解决安全生产隐患。要求监管系统既要满足当前安全生产管理工作需要，又要适应当前科学技术的发展，预留扩展空间，不断提升安全信息综合监管系统技术应用水平。

随着人工智能的发展，"智慧化"监管已成为安全生产监管的大趋势，技术发展助力安全生产监管"智慧化"程度的提高。近年来，伴随着高清技术的不断发展，安全生产监管"智慧化"发展需求已经从最开始的"看得见"经由"看得清"后逐步朝着"看得懂"进发。相关数据表示2013—2018年，我国高清摄像机占比由13%增长至76%，超过模拟摄像机，实现由"看得见"向"看得清"转变，初步满足基本的安全生产监管的可视化需求。与此同时，高清监控产生的大量数据运用传统的人工查看方式已经不能够满足日益增长的安全生产监管需求，如何通过大数据以及智能化分析手段将海量非结构化数据进行结构化处理，进一步提高追踪监控效率，已成为当下安全生产监管"智慧化"行业发展进步的新需求，安全生产监管"智慧化"已经成为一个明显的趋势。安全生产监管的"智慧化"是手段和方法的提升。科学运用物联网、大数据、云计算、人工智能等新信息技术，推进风险评估、隐患治理、科学防范等安全措施的落实就是安全生产监管"智慧化"的使命所在。

2022年以来，随着《"十四五"国家应急体系规划》等多个支持政策密集出台，我国安全生产监管"智慧化"进入快速发展阶段，呈现信息化、智能化、智慧化多层并进、蓬勃发展的态势。同年4月6日，国务院安全生产委员会印发《"十四五"国家安全生产规划》，提出推动安全生产深度融入"平安中国""智慧城市""城市更新"建设，强化安风险动态监测、预警、识别、评估和处置。随着信息技术日新月异的发展，新技术为安全生产监管"智慧化"发展提供新动能，正推动安全生产管理发生深刻的变革。

【安全生产"智慧化"监管范例】

范例一：深圳积极探索"智慧应急"新机制新模式

"智慧"应急，是现代化城市治理的重要基础，提升安全风险防范化解能力的重要抓手。习近平总书记在深圳经济特区建立40周年庆祝大会上的重要讲话中强调要创新思路推动城市治理体系和治理能力现代化。要注重在科学化、精细化、智能化上下功夫，发挥信息产业发展优势，让城市运转更聪明、更智慧，为新时代应急管理工作指明了方向。

近年来，深圳市以科技信息化推动新时期应急管理工作改革创新，努力在城市公共安全可持续发展方面，积极探索先行示范的新机制、新模式和新路径。从2019年起，深圳市应急管理局以"大应急、大安全"为理念，面向城市公共安全的全领域，规划建设"一库三中心N系统"，全方位汇聚融合数据信息，全流程监测预警自然变化和生产活动，全链条开展应急救援处置。"一库"指应急管理大数据库，整合和统筹全市应急和安全领域的各类数据资源，为风险管控动态化、监测预警智能化提供基础数据支撑。"三中心"为宣传教育中心（关注"人"的因素，着力打造线上线下融合一体的宣传教育培训平台，提升人的安全意识和知识技能）、监测预警中心（从"物"的因素和"环境"变化入手，运用先进技术，对全市各类风险点进行实时监测和分析，实现早期风险识别、及时预报预警）、应急指挥中心（立足于"救"，通过建立"市+区+街道+前端末梢"联通的智慧化应急指挥体系，实现突发事件预防应对一体化、扁平化，达到"一图全面感知、一键可知全局、一体运行联动"的目标）。"N系统"则是基于"一库三中心"的各类信息化应用模块，通过大数据库的平台支持、监测预警中心的技术服务中台支持，针对各类风险隐患开展智能化隐患排查和风险管控。

深圳市应急管理局有关负责人介绍，"一库三中心N系统"的建设体现了综合性、体系化以及深圳特色。"一是突出问题导向，针对城市安全多年来沉淀和积累的问题，补短板强弱项；二是符合信息化规律，从数据到架构再到应用系统,形成科学流程;三是依托深圳企业产业信息化方面的优势,建设高起点,通过5G、物联网、高新技术来支撑。"智慧的力量,在支撑着城市的安全运行,保障着人们的生命财产安全。

资料来源:https://www.dutenews.com/anjian/p/1001762.html。

范例二:杭州湾上虞经济技术开发区的可视化智慧园区监管平台上线运行

杭州湾上虞经济技术开发区危险化学品综合安全监管系统建设项目——智慧安监管理信息系统一期工程,经3个月的紧张开发和1个月的调试,已投入试运行。这是浙江省针对危化品行业的首个综合安全监管系统,也是首个针对杭州湾上虞经济技术开发区的可视化智慧园区监管平台。该项目旨在建立可视化的安全生产监管平台和园区危化企业基本信息数据库,并对安全生产"一重大、两重点"进行风险研判、安全生产标准化监管,以及许可企业信息查阅等。

该平台一期工程已经完成整个杭州湾上虞经济技术开发区的3D地理信息系统(GIS)建模,以及两个样板企业主要危化车间的建筑信息化模型(BIM)建模。在3D GIS地图上,已经实现该开发区全部企业的真实全景三维地理信息建模与位置定位,通过3D GIS可以直观地看到开发区内各企业的厂区全景、设施概貌、周边环境。在3D BIM模型上,已经实现了浙江京新药业股份有限公司、绍兴贝斯美化工股份有限公司两家样板企业主要车间的三维建模,以及车间存储、生产空间(仓库)、设施设备信息点(POI)标注。管理员除了可以从外观上总体观察整个车间的布局和建筑结构,还可以通过选择进入具体的楼层,查看各车间结构与设备布置,查看各设备名称、类别、工艺、容量、物料、救援措施等,实时监控消防设施运行是否正常,车间或设备的温湿度情况,并通过视频监控实时了解"一重大、两重点"监管对象的生产运行情况。一期工程还对项目后期可实现的应用前景做了模拟,如温度或压力超过预设值,或感知用电隐患、消防报警、气体泄漏、管道渗漏等警讯或事故报警后,会自动弹出事故车间楼层,以及具体报警点位,弹出就近监控视频、应急救援物资信息,以辅助指挥调度;如有故障信息,也将弹出可能存在故障车间的具体设备楼层以及设备位置。

该项目的亮点,除了在开发区内管理平台的开发、管理过程中采用了卫星遥感、GPS 倾斜摄影、三维地理信息、物联网传感、云计算、大数据等前沿技术外，还采用国家在工程建设领域重点推广的 BIM 技术，实现室内、室外三维实景的融合。如能有效管理和深度挖掘、利用好这些地理、空间信息（BIM 数据），将对浙江省乃至全国城市空间数据、特别是危化行业的 BIM 数据的利用、开发产生积极的示范效应。

资料来源：https://zj.zjol.com.cn/news.html?id=953901。

范例三：聊城将启动建设"智慧安监信息平台"

2016 年 5 月 12 日，聊城市人民政府新闻办公室举行新闻发布会，聊城市安全生产监督管理局党组成员、市安全生产执法监察支队长介绍，今年，聊城将启动建设"智慧安监信息平台"。

2016 年即将开发建设的"智慧安监信息平台"，是在一期"3+1"安全生产综合监管信息平台基础上的升级拓展，主要内容包括：生产经营单位端综合安全管理平台升级（含采集表、安全档案、生产经营单位用户主界面、风险管控和隐患排查治理、隐患自查标准自定义）、行政执法系统升级、新增安全生产委员会成员单位网格化监管系统、安全生产移动执法 APP 管理系统、诚信管理系统、短信互动平台、微信公众平台和收发文管理系统以及浏览器全系列兼容升级、系统性能优化提升升级等。通过信息平台二期项目开发建设，将有关安全生产委员会成员单位及所属行业生产经营单位纳入信息平台综合监管范围，建设"1+N"安全生产横向监管信息平台，建立网格化监管体系。"1"即市政府安委会办公室，"N"即市政府安全生产委员会成员单位，建立市政府安全生产委员会办公室与安全生产委员会成员单位之间横向的监管平台，实现安全生产委员会成员单位之间的安全生产信息共享、互联互通，形成横到边、纵到底，属地明确、行业清晰、监管到位的隐患排查治理信息化、网格化监管体系。

通过纵横智慧安监体系建设，形成在市政府安全生产委员会办公室统一协调下的 N 个"3+1"安全生产监管信息平台，真正实现安全生产综合监管和隐患排查治理的网格化监管，为促进全市安全生产形势持续稳定好转，推动"平安聊城"建设发挥积极作用。

资料来源：http://liaocheng.dzwww.com/wzlc/201605/t20160512_14282996.htm。

三、逆向监管

逆向管理是从思维擅变与观念创新的角度出发，引导管理者"反弹琵琶"，创新经营，采取反思逆行、以敌为师、以守为攻等管理方式，启迪管理者在变化的环境中运用逆向思维方法于管理实践，从而释放出巨大潜能的管理方式。该管理方式运用于安全生产监管领域就是逆向监管。

（一）逆向监管的原理

安全生产逆向监管是指从监管对象的角度考虑安全生产监管问题，通过监管对象容易接受的合理手段，自觉提高其安全生产保障能力和安全管理水平，达到地方安全发展的目标。本质上，安全生产是关系到生产经营单位切身利益的大事，通过逆向监管可以激发其安全生产积极性和创造性，使劳动者的安全与健康得以保障，从业人员能够在符合安全生产要求的条件下从事劳动生产，这样必然会大大提高安全生产监管效率。生产经营单位在生产经营决策上，以及在技术、装备上，采取相应措施，以改善劳动条件、加强安全生产监管力度为出发点，加速技术改造的步伐，推动社会本质安全的发展和提高安全生产管理水平。

安全生产逆向监管的原理来源于逻辑学的逆向思维理论（reverse thinking），也称求异思维理论，它是对司空见惯的似乎已成定论的事物或观点逆反过来思考的一种思维方式。敢于"逆其道而思之"，让思维向对立面的方向发展，从问题的相逆面深入地进行探索，从而找到解决问题的方法。人们习惯于沿着事物发展的正方向去思考问题，其实对于某些问题，尤其是一些特殊问题，从结论往回推，倒过来思考，从求解回到已知条件，逆过去想或许会使问题简单化。与常规思维不同，逆向思维是从对方的角度思考问题，是用绝大多数人没有想到的思维方式去思考问题。运用逆向思维去思考和处理问题，实际上就是以"出奇"的手段去达到"制胜"的目的。因此，逆向思维的结果常常会令人惊喜。

在安全生产监管中常规思维难以解决的问题，运用逆向思维却可能轻松破解。同时，逆向监管可以独辟蹊径，在安全生产监管存在的盲区有所发现、有所建树。

(二) 安全生产逆向监管的内容

传统的监管方法以经验法则为主,凭个人的经验和系统、信息、数据分析处理现代监管过程中的各种问题。逆向监管中最突出的特点就是逆向思维的运用,在实践中,许多重要的突破和创新具有悖理的特征,这是逆向思维的结果。近年来,有关单位的实践证明,逆向监管是行之有效的监管方法。

(1) 在安全生产监管实践中运用逆向思维的方法,发现可逆的监管亮点,可以进行探讨和研究。通过逆向思维,可以避免安全生产监管方法正向思维的机械性,克服对问题认识的简单化,从而引发或促成与问题的新发展趋势相适应的新观念,对问题解决起到突破性作用。但要注意逆向监管与其他的创新型监管的区别,也就是说并不是什么新思想、新主意都可以运用于安全生产监管。创新要具有普遍适用性,如果没有这一点,那么许多新奇的想法也就变成了空想。逆向监管从监管对象的角度看问题,与监管主体的想法会不一致。监管对象具有利私性,而监管主体则具有公益性,两者对安全生产的监管目的的理解往往有矛盾。因此有符合安全生产标准和法律法规的共同目标,才是逆向监管可适用的领域,而不能一味无原则地迁就对立面,这也是安全生产监管合法性所决定的。

(2) 进行安全生产逆向监管规划。在前期分析和判断的基础上,安全生产监督管理部门要运用逆向思维的安全生产监管理论和方法,部署和设计出应对未来一段时间内地方产业发展的安全监管方法,这项工作就是安全生产逆向监管规划。它的目的是通过对安全的判断,为未来选择合适的安全发展道路,从而找出科学的安全生产监管方法。它意味着监管者开始摆脱传统的思维模式,试图谋划出未来安全生产监管新思路和新方法。

(3) 安全生产逆向监管的形成。安全生产逆向监管制定适用于一般安全监管方法的制定程序,但要注重将监管的目标、策略、资源以及行政过程连接起来,并将这些决定监管前途的重要变量都明确化,持续地跟踪管理,适时予以修正。安全生产逆向监管的核心是保障监管对象和主体对监管目标保持一致,不能一味强调被监管对象的意志,更不能违反安全生产法律法规和安全生产标准。同时应注意,在监管政策出台初期,因固有的老方法、老经验和保守思维的束缚,监管效果会不明显。特别是隐患整改环节,会受到生产经营单位安全生产投入、生产经营单位生产环境、历史遗留等因素影响。

(三) 逆向监管的特点

安全生产逆向监管可以充分发挥监管对象的积极性,使监管对象落实安全生产主体责任,在解决安全问题的方法中获得最佳方法和途径,使安全监管复杂问题简单化,办事效率成倍提高,效果更加明显。逆向监管有以下特点。

(1) 普遍性。逆向监管在安全生产监管的各种领域、各种实践中都有适用性。由于对立统一规律是普遍适用的,而对立统一的形式又是多种多样的,有一种对立统一的形式,相应地就有一种逆向思维的角度,所以逆向思维也有无限多种形式。如监管性质上好与坏、优与劣等对立两极的转换;监管主体和对象位置上的互换和颠倒;监管过程上的逆转;监管效果的逆向转变,等等。只要从一个方面想到与之对立的另一方面,并运用到安全生产监管,都是逆向监管。

(2) 批判性。逆向是与正向比较而言的,正向是指常规的、常识的、公认的或习惯的想法与做法。逆向思维则恰恰相反,是对传统、惯例、常识的"反叛",是对常规的"挑战"。它能够克服思维定式,破除由经验和习惯造成的僵化的认识模式。运用于安全生产监管,逆向监管表现为从监管对象上考虑问题,促使监管对象主动接受安全生产标准和进行安全管理;监管过程上实施现状和目标的逆转,从如何实现目标考虑问题;从对立的监管效果考虑问题,找到无效监管的原因,并加以解决。

(3) 新颖性。循规蹈矩的思维和按传统方式解决问题虽然简单,但容易使思路僵化、刻板,摆脱不掉习惯的束缚,得到的往往是一些平常的答案。其实,任何事物都具有多方面属性。由于受过去经验的影响,人们容易看到熟悉的一面,而对其他的多个方面视而不见。安全生产逆向监管能克服这一障碍,给人以耳目一新的感觉。运用得当,可以取得事半功倍的效果,并提高监管效率,让监管主体和监管对象双方都满意。

(4) 突破性。逆向监管就是显著地与以往不同,明显地超过了原有的工作方法。人们在解决问题的过程中，倾向于使用过去曾经成功的方法。这种过去的成功经验是宝贵的财富，往往能使人迅速解决新碰到的问题。但进入信息社会后，事物的复杂性和变化性表现得越来越突出，那种在稳态社会中运用有效的方法开始显现其局限性。"以不变应万变"可能会把自己推入失败的困境之中。安全生产逆向监管具有突破性，一方面避免了"就问题论问题"的单因素思维的局限性，使问题的解决与整体的、长远的目标联系在一起；另一方面又不是只停留在远大的、但目前还一时难以达到的理想中，而是回到现实，一步一个脚印地向理想趋近。同时，在此过程中，将发散式思维与聚合式思维结合起来加以运用，取众所长，因而可以取得显著的监管效果。

【逆向监管范例】

范例一：福建省南平市建阳区结合"三年行动"创新开展创建落实安全生产主体责任示范企业工作

"我区创新开展创建落实安全生产主体责任示范企业工作，不是为创建而创建，初衷是通过该活动，结合正在开展的全区安全生产专项整治三年行动，探索解决对企业安全监管最后一公里的难题，在全区企业中树立典型示范，从而引领落后企业抓安全'有章可循'，少走弯路，更好地确保全区企业安全发展。截至2021年1月4日，全区首批参与创建落实安全生产主体责任示范企业工作共41家，其中的福建南平青松化工有限公司，其安全总监还因此被区里聘请为安全生产专家……"近日，记者在福建省南平市建阳区应急管理局采访时，福建省南平市建阳区安全生产委员会办公室主任、区应急管理局局长张春贵是如数家珍。

张春贵表示，由于全区安全生产总体仍处于爬坡期、过坎期，安全生产基层基础不牢、安全管理粗放、"三违"等各类安全风险叠加存在的现状，2020年7月21日，结合全区正部署开展的安全生产专项整治三年行动，该区决定组织实施创建落实安全生产主体责任示范企业工作，将创建工作纳入安全生产专项整治三年行动中进行总体部署。为确保示范企业创建工作的落实到位，区安委办明确了目标任务。2020年即部署在每个乡镇（街道）和行业部门选取3~5家企业开展创建安全生产主体责任示范企业行动，坚持以点带面，示范推动，完善和落实企业重在从根本上消除事故隐患的安全生产责任链条、制度成果、管理办法、重点工程、工作机制和预防控制体系，扎实推进企业安全生产治理体系和治理能力现代化。同时，制定了《创建落实安全生产主体责任示范企业评分表》，该评分表实行百分制，包括目标、组织机构、职责、安全生产责任制、安全生产投入、作业安全、隐患排查和治理、重大危险源监控、应急救援等13个大项目中，又细化为"定期对安全生产工作目标实施情况进行了检查和监测，并做好检查和监测记录；生产经营单位应当建立相应的机制，加强对安全生产责任制落实情况的监督考核，保证安全生产责任制的落实；开展安全风险点评估工作，建立安全风险点台账，并将风险点录入南平市'双控'平台……"等51个具体工作内容。

资料来源：http://www.aqsc.cn/news/202101/04/c138883.html。

范例二：安全生产监管有了反向监督

浙江省湖州市南浔区应急管理局日前对上个月接受检查、指导、服务的企业（单位）开展抽样回访，确认监督对象在当次检查、指导、服务过程中有无出现违反"五严禁"相关监督内容。

这是南浔区应急管理局推进安全生产监管服务"五严禁"反向监督工作的一个缩影。目前，南浔区共有企业3000余家，为了把廉洁执法真正落到实处，该局把"主动权"交给被检查的企业，赋予企业监督安全生产执法人员的权利，通过制定监管执法人员监督检查廉政方面"五严禁"事项告知确认单，每次由被检查的企业对检查人员是否有违反廉政事项进行签名确认，实行反向监督。"通过填写反向监督确认单，让我们对安全生产监管服务人员的行为进行监督，也提升了我们对廉洁执法、文明执法的信心。"浙江欧冶达机械制造股份有限公司相关负责人说。

南浔区应急管理局办公室每月底收集汇总企业主体代表填写的《南浔区应急管理局安全生产监管执法人员"五严禁"反向监督确认单》，并进行公示，次月上旬联合南浔区纪委区监委驻区府办纪检监察组，对上月涉及监督主体单位集中开展一次抽样回访、抽查核实，确认监督内容，并征集监督意见和建议。

自反向监督机制实施以来，该局已收集反向监督确认单98份，回访抽查核实企业21家，均未发现有违规问题。

资料来源：http：//www.huzhou.gov.cn/art/2020/9/24/art_1229213486_58541518.html。

四、信用监管

《意见》中明确要求：积极推进安全生产诚信体系建设，完善企业安全生产不良记录"黑名单"制度，建立失信惩戒和守信激励机制。2019年1月召开的"全国应急管理工作会议"在改进安全生产监管执法方面，也提出了推行以信用监管为基础的企业安全承诺制，切实做到对违法者"利剑高悬"，对守法者"无事不扰"的信用监管方法。

（一）国家信用体系建设

近年来，国家陆续出台了《社会信用体系建设规划纲要（2014—2020年）》《关于加快推进失信被执行人信用监督、警示和惩戒机制建设的意见》《关于进一步把社会主义核心价值观融入法治建设的指导意见》等政策性文件，在有力营造诚信的市场环境，建设依法行政的法治环境方面，起到了强力的推动作用。这样做的目的是促进各类管理主体把诚信价值理念贯彻到依法治国、依法执政、依法行政实践中。做到有法必依、执法必严、违法必究，用法律的刚性约束增强人们守信的自觉性。

随着国家法治建设的日益加强，关于诚信方面的法律法规也陆续出台：2007年1月17日国务院第165次常务会议通过《中华人民共和国政府信息公开条例》，该条例要求主动公开行政机关环境保护、公共卫生、安全生产、食品药品、产品质量的监督检查情况等政府信息，保护当事人合法权益，引导、促进征信业健康发展，推进社会信用体系建设。2013年1月21日国务院公布《征信业管理条例》（中华人民共和国国务院令第631号），对企业、事业单位等组织的信用信息和个人的信用信息进行采集、整理、保存、加工，并向信息使用者提供。2014年8月7日中华人民共和国国务院令第654号公布《企业信息公示暂行条例》，规定工商行政管理部门应当通过企业信用信息公示系统，公示在履行职责过程中产生的注册登记、备案、行政处罚等信息，设立经营异常企业名录和严重违法企业名单制度，并建立健全信用约束机制，在政府采购、工程招投标、国有土地出让、授予荣誉称号等工作中，对这些企业依法予以限制或者禁入。

国家信息中心定期发布了城市信用监测综合排名前10的城市和城市信用监测综合排名进步前10的城市，旨在表彰信用工作突出的城市，鼓励加快提升城市信用建设水平。城市信用监测评价工作，以海量异构数据为基础，以先进大数据技术为支撑，通过城市信用监测平台、信用排名、分析报告等形式，积极协助国家发展和改革委员会等决策管理部门掌握城市信用建设的进展和问题，有效引导地方政府落实中央部署信用工作的重点，充分发挥中央与地方之间的桥梁纽带作用。通过持续的城市信用监测发现，有些城市紧跟政策、努力作为，信用建设始终处于领先地位；有些城市主动对标、见贤思齐，信用建设水平快速提升。

（二）安全生产监管信用制度建设

2017年5月国家安全监管总局印发《对安全生产领域失信行为开展联合惩戒的实施办法》，对失信生产经营单位及有关人员纳入"联合惩戒对象"和"黑名单"管理，实施有效惩戒，督促生产经营单位严格履行安全生产主体责任、依法依规开展生产经营活动；同年12月国家安全监管总局印发了《对安全生产领域守信行为开展联合激励的实施办法》，制定了对遵守诚信制度的生产经营单位进行鼓励的"红名单"管理制度，对纳入守信联合激励对象，向社会公告并通报有关部门，同时采取激励措施；2018年2月国家安全监管总局办公厅印发了《国家安全监管总局办公厅关于进一步加强安全生产诚信体系建设的通知》（安监总厅〔2018〕10号）。以上政策及法律法规的出台，为安全生产信用监管提供了法制基础。具体建设内容如下。

（1）大力开展安全生产诚信体系建设。安全生产诚信体系建设对于建立监管执法长效机制及实现安全生产治理体系和治理能力现代化建设具有重大意义。要坚持目标导向和问题导向，推动建立以单位主要负责人为第一责任人的诚信体系建设责任体系，加强组织领导、落细落实责任，确保诚信体系建设各项工作落地生效。将诚信体系建设工作继续纳入年度安全生产工作部署的重要内容，持续推进、跟踪落实，不断提升安全生产诚信建设水平。将企业安全生产违法、违规情况录入企业安全信用信息系统，作为企业信用评级的重要依据。每季度对存在安全生产严重违法行为或重大安全隐患的企业进行梳理并通报，录入企业安全信用信息系统，并适时在媒体曝光。对发生安全生产死亡事故，以及存在重大安全隐患或重大违法行为的企业，除依法行政处罚外，要纳入安全生产"黑名单"和"联合惩戒对象"进行管理，在企业融资上市、外埠招投标、评先评优、用地等方面进行惩戒、约束。

（2）加快建立以安全信用为核心的新型监管机制。规范细化工作程序和责任分工，严格落实奖惩措施，把信用信息嵌入现阶段正在使用中的安全生产信息化系统平台和监管业务流程之中，推动安全生产领域联合奖惩机制的规范高效运行。要积极主动发起签署本地区安全生产领域联合奖惩合作备忘录，协调建立跨部门业务协同机制，构建守信联合激励和失信联合惩戒大环境。在建立"红黑名单"的基础上，着力推动安全生产承诺、信用档案和分级分类管理制度建设，为实施分类监管、重点监管和瞄准信用风险精准监管提供制度保障和科学依据，切实有效提升监管监察执法水平。要将企业落实安全生产主体责任的情况录入企业安全信用信息系统，作为企业信用评级的重要依据。鼓励企业守法自律，树立安全生产诚信发展理念。以保障职工生命安全为核心，以企业自我安全承诺为主线，以对企业进行评估和确定诚信等级为手段，以相关制度建设为基础，结合企业安全标准化工作情况，对企业建立和执行安全生产诚信制度情况进行监督和指导。

（3）规范细化工作程序和责任分工，严格落实奖惩措施，把信用信息嵌入信息化系统平台和监管业务流程之中，推动安全生产领域联合奖惩机制的规范高效运行。

（4）建立、完善企业安全生产诚信信息通报制度，着力提升安全生产"红黑名单"管理水平。要全面贯彻落实《国家发展改革委 人民银行关于加强和规范守信联合激励和失信联合惩戒对象名单管理工作的指导意见》（发改财金规〔2017〕1798号）和国家安全生产监督管理总局印发的联合惩戒和联合激励两个实施办法，结合各自实际，落实工作标准，理顺业务流程，完善操作规范，促进相关工作有序开展，解决报送违法失信企业"不及时、不规范，不想报、不敢报"的问题。各部门要及时通报推进工作情况，就检查、评估情况录入企业安全信用信息系统，作为企业信用评级的重要依据。对于违反承诺的企业,安全监管和行业主管部门要将其列入安全生产不良信用记录。对发生安全生产死亡责任事故的、拒不执行安全监察指令的、非法违法经营造成恶劣社会影响的行为,依法严惩,并通过媒体向社会通报。

(5) 协调推动安全生产诚信信息化管理系统建设。目前,应急管理部正在进行安全生产诚信信息化平台建设,要统一标准规范,在流程、功能、数据和技术标准规范,实现数据通、网络通、业务通。要畅通数据来源,切实强化"智慧安监"建设,按规定配备移动执法终端,建立现场执法全过程记录制度,实现监管执法信息实时录入上传,为建立诚信评价和分类分级管理制度提供全面真实的原始数据。要推动集中共享,围绕诚信数据的集中和共享,着力消除"信息孤岛",统筹推动诚信信息化管理系统与本级安全生产信息化系统及相关部门信息平台的有效衔接和数据共享,实现跨层级、跨地域、跨系统、跨部门、跨业务的协同管理和服务。要强化分析利用,大力提升安全生产诚信"大数据"分析利用能力,加强诚信信息的深度加工和广泛应用,做到来源可查、去向可追、责任可究、规律可循,为加快建立以安全信用为核心的执法监管机制提供信息化支撑保障。

(6) 大力弘扬以人为本、诚实守信、保障安全的社会风尚。要把安全诚信文化建设摆在重要位置,从践行社会主义核心价值观的高度,充分发挥各类媒体的宣传引导作用,加强安全生产诚信宣传教育,及时推进信息发布、政策解读和舆情回应,普及相关知识。以全面建立安全生产领域联合奖惩机制为契机,在全国"安全生产月"活动中设立"安全诚信周",开展专项宣传活动,加大安全诚信企业报道和典型失信企业曝光力度,强化警示教育和典型引领,培养全社会"讲信用、查信用、用信用"的行为自觉。鼓励社会公众监督和参与安全生产工作,注重发挥行业协会商会的作用,加强行业诚信自律;注重发挥第三方信用服务机构的作用,利用大数据开展信用状况评价,凝聚安全诚信建设合力,为坚决遏制重特大生产安全事故、提升防灾减灾救灾能力,促进安全生产形势持续稳定好转发挥更大作用。

(三) 安全生产信用监管

近年来诚信建设已初显成效,特别是守信联合激励和失信联合惩戒机制全面建立，诚信制度规范和机构队伍建设得到有效强化，诚信信息化建设正式启动并有序推进，各类企业和社会公众守信用意识不断增强，为安全生产形势的持续稳定好转作出重要贡献。国家层面上建立的"黑名单"制度和联合惩戒机制已发挥重要作用，每月联合惩戒信息的采集、审核、报送和异议处理等相关管理工作已形成常态化。生产经营单位安全生产诚信情况通过全国信用信息共享平台和全国企业信用信息公示系统向各有关部门通报，并在国家政府网站和相关媒体向社会公布，已形成了强大的威慑和警示教育效应。不诚信企业已被限制，严重失信企业已被挡在重要的生产经营活动之外，甚至被市场淘汰。进行安全生产信用监管要求充分发挥市场机制作用，加大企业法定代表人安全生产诚信责任，通过推行以信用监管为基础的企业安全承诺制，切实做到对违法者加大执法力度，突出对重点行业、领域加强专项执法，完善执法监管，解决执法频次问题。

但目前阶段，因固化思维尚未打破，也存在一些单位认识不到位、工作不积极、措施不落实等突出问题，信用执法效果不明显。同时，我国诚信体系的建设、安全生产信用监管的手段和方法、惩戒和激励机制的可操作性和细化、适用的安全生产行政执法的措施和处罚幅度等方面仍需完善和明确，相关配套措施和机制建设仍需加强。

【信用监管范例】

范例一：烟台市建立健全安全生产诚信制度

为认真贯彻《国务院办公厅关于加快推进社会信用体系建设构建以信用为基础的新型监管机制的指导意见》（国办发〔2019〕35号）等文件精神，落实国家、省市关于加强安全生产信用体系建设的系列工作部署，深入推进烟台市安全生产信用体系建设，创新安全生产监管理念、监管制度、监管方式，不断提升安全生产监管能力和水平，构建安全生产长效机制，促进安全生产形势持续稳定向好，推动高质量发展，2020年2月，烟台市应急管理局、烟台市发展和改革委员会联合制定出台《关于进一步加强安全生产领域信用体系建设的实施意见》并下发通知，要求在安全生产信用机制建设方面主动作为，强化信用监管，建立健全安全生产诚信制度。

《关于进一步加强安全生产领域信用体系建设的实施意见》结合地区安全生产实际情况，对国家安全生产监管信用建设进行了细化和落实。指出要以社会信用体系建设为载体，以褒扬信用、惩戒失信为手段，充分认识信用体系建设对于建立安全生产监管执法长效机制及实现安全生产治理体系和治理能力现代化的重大意义，坚持目标导向和问题导向，推动建立以单位主要负责人为第一责任人的信用体系建设责任体系，加强组织领导、落实责任，确保信用体系建设各项工作落地生效；将信用体系建设工作纳入年度安全生产工作部署的重要内容，持续推进、跟踪落实，不断提升安全生产信用建设水平。《关于进一步加强安全生产领域信用体系建设的实施意见》明确提出九项工作任务，要求建立健全安全生产信用承诺制度、认真做好行政许可和行政处罚等信用信息"7天双公示"工作、全面建立市场主体安全生产信用记录、健全完善失信联合惩戒机制、建立安全生产信用激励机制、大力推进安全生产信用分级分类监管、进一步做好安全生产信用信息修复、推动安全生产信用信息化管理系统建设，以及加强行业信用自律和社会监督机制。《关于进一步加强安全生产领域信用体系建设的实施意见》强调，安全生产信用体系建设是"信用烟台"建设的重要组成部分，全市各级各部门要高度重视，加强组织领导，有力有序有效确保各项工作有计划、有步骤地开展；要加强安全生产信用宣传，加大安全信用企业报道和典型失信企业曝光力度，强化警示教育和典型示范引领，在全社会营造构建安全生产信用体系建设的良好氛围；要建立健全安全生产社会信用体系建设工作督查和考核制度，加大监督检查力度，将社会信用体系建设纳入安全生产动态考核内容，确保安全生产社会信用体系建设扎实推进、取得实效。

资料来源：https://credit.wuhan.gov.cn/front/article/66806.html。

范例二：2018年湖州市安全生产监督管理局推行信用承诺制安全生产监管

为贯彻落实《关于印发〈湖州市推行建立信用承诺制的实施方案〉的通知》（湖信办〔2018〕11号）关于探索实行信用承诺制有关要求，为推进浙江省湖州市安全生产监督管理部门社会信用体系建设，加强事中事后监管、促进市场公平竞争、推动市场主体自我约束、诚信经营，湖州市安全生产监督管理局制定了《推行建立信用承诺制的实施方案》，主要内容包括：

（1）建立信用承诺制的项目。包括安全生产行政许可事项；安全生产行政备案事项；安全生产监督检查事项等内容。以上事项基于浙江政务服务网"权力清单"公开权力事项。

（2）信用承诺的对象。行政相对人根据安全生产监督管理部门的要求和诚实守信原则，对行政许可、行政备案、监督检查要件以及违约责任作出的公开书面承诺。包括申请安全生产相关许可的法人、自然人、其他组织；到安全生产监督管理部门备案的法人、自然人、其他组织；接受安全生产监督管理部门监督检查的法人、其他组织。

（3）信用承诺的内容。包括承诺本单位（个人）提供给行政许可部门、行业管理部门、司法部门及行业组织的所有资料均合法、真实、有效，并对所提供资料的真实性负责；承诺本单位（个人）严格依法开展生产经营活动，主动接受行业监管，自愿接受依法开展的日常检查；违法失信经营后将自愿接受约束和惩戒，并依法承担相应责任；承诺本单位（个人）自觉接受行业管理部门、行业组织、社会公众、新闻舆论的监督；承诺本单位（个人）自愿按照信用信息管理有关要求，将信用承诺信息纳入市公共信用信息平台，并通过信用湖州网站向社会公示信息；违背信用承诺将依法承担相应的违约责任，并接受法律法规和失信惩戒规定的惩戒、约束；安全生产监督管理部门结合法律法规规定，需要作出的其他承诺。

（4）信用承诺的程序包括：承诺书确定、组织承诺、信用存档、信用公示、分类监管、政策扶持、考核评定等环节。

《推行建立信用承诺制的实施方案》实施步骤遵循分步实施、全面推进的原则，要求在2018年底前全面推行信用承诺制。同时明确市安全生产监督管理局社会信用体系建设分管领导为本地本单位推进信用承诺制的第一责任人，并负责本地本单位信用承诺制的推进、实施和应用；根据"谁主管、谁负责"的原则，加强指导安全生产领域行业组织开展信用承诺制的建立和实施。强调要加强信用承诺的引导和宣传，稳步推行信用承诺工作；应告知行政相对人信用承诺将纳入市场主体信用记录，接受社会监督，并作为事中事后监管等的参考。明确了建立信用承诺制是推进社会信用体系建设的重要内容，并作为各处室（单位）社会信用体系建设年度目标责任考核的重要指标。

资料来源：https://www.creditsr.gov.cn/web/cont_fa509634227d4899abc8d2bbbze3fc7b.html。

范例三：厦门应急管理领域试行安全生产信用分类分级监管

《厦门市应急管理领域安全生产信用分类分级监管工作管理办法（试行）》自2022年5月7日起施行，有效期2年。根据《厦门市应急管理领域安全生产信用分类分级监管工作管理办法（试行）》，厦门应急管理领域将试行安全生产信用分类分级监管。

市应急管理局有关负责人表示，信用分类分级监管旨在进一步发挥信用在创新监管机制、提高监管能力和水平方面的基础性作用，是深入推进"放管服"改革、提升监管效能的有力抓手。《厦门市应急管理领域安全生产信用分类分级监管工作管理办法（试行）》共六章、二十九条，明确了分类分级标准、信用评价管理、分类分级监管与应用、权利保障与监督责任等。《厦门市应急管理领域安全生产信用分类分级监管工作管理办法（试行）》的实施，将有助于推进厦门安全生产信用体系建设，建立完善以信用为基础的新型监管机制，创新厦门应急管理部门安全生产监管方式，增强生产经营单位诚信意识，促进安全发展，优化营商环境。

根据《厦门市应急管理领域安全生产信用分类分级监管工作管理办法（试行）》，厦门应急管理部门将对在本市区域内本部门监管的危险化学品、烟花爆竹、工矿商贸等行业领域的生产经营单位开展安全生产信用评价、分类分级监管。信用分类按照生产经营单位行业领域属性，分为非煤矿山类、危险化学品类、工矿类、商贸类、安全生产服务机构等。本市应急管理部门在安全生产信用评价和分类分级监管工作中，将结合实际细化分类。安全生产信用等级按照生产经营单位安全生产承诺、生产安全责任事故、行政处罚、安全生产标准化建设、联合惩戒等情况分为一级（优秀）、二级（良好）、三级（达标）、四级（较差）、五级（差）5个级别。信用评价结果每年更新发布一次。安全生产信用评价遵循公正、客观、科学、公开的原则。评价标准包括公共信用综合评价结果、安全生产条件和安全生产管理类信息行业指标。

厦门应急管理部门将以统一社会信用代码为标识，按照"一主体一档案，一事件一记录"的原则整合有关行业领域生产经营单位相关信用信息、信用评价结果等记录，建立安全生产信用电子档案，实现全流程可追溯。市、区应急管理部门在行政审批、日常监管、公共服务、适用政府财政性优惠政策、政府采购、政府购买服务、评先评优等工作中，将生产经营单位安全生产信用状况作为重要参考。其中，对一级、二级信用主体采取守信激励措施，对三级、四级信用主体采取差异化措施，对五级信用主体采取失信惩戒措施。

资料来源：http：//xm.fjsen.com/2022-07/07/content_31079819.htm。

第四章 安全生产监管方法效率研究

效率是指在给定投入和技术等条件下、最有效地使用资源以满足设定的愿望和需要的评价方式，通过特定时间内各种投入与产出之间的比率关系反映出来。效率与投入成反比、与产出成正比。要研究安全生产监管方法的效率，就要掌握其本质和表现形式，同时必须研究与之相关的统计、评估和提高效率的策略等内容。

第一节 安全生产监管方法效率

一、安全生产监管方法效率的概念

安全生产监管方法效率是运用某一安全生产监管方法，通过监管体系的运行达到实现安全生产预期目标的程度。高效率主要表现在监管期限内，监管方法所针对的领域安全生产基础环境得到改善，监管系统高效率运转，生产安全事故得以遏制。安全生产监管方法效率包含两个基本内容：一是监管方法的内部效率，即从监管内部结构来说，监管方法的组成要素（包括组织、程序、过程和资源等内容），是合理的、完善的，且易于操作和评价的，组织的日常监管活动符合标准、体系、程序及相关文件要求，而且紧密结合实际。二是监管方法的外部效率，即从监管外部操作来说，监管系统在特定的环境内，通过一段时间的运行，达到生产安全事故得到有效遏制，安全生产平稳可控效果的预期评价。以上两项均要求监管方法所指向的系统能够根据实际环境的变化，通过改进机制，不断提高其适宜性，达到提高效率的目的。

安全生产监管方法的功能发挥出来，起到的客观效果与得到的效益，取得高效率，都是监管方法作用于主体及其客体的客观状态。监管方法效率、效益、效果是相互依存、逐步递进的整体，这个整体外在的基本特征就是高效率、好效果、高效益。三者既有区别，又紧密联系，表现在以下四个方面。

（1）三者的差异性：效率侧重于方法的改进；效果侧重于要素的组合与相互作用；效益侧重于主体需求。

（2）三者关系的或然性：高效率不一定有好效果，好效果不一定有高效益。

（3）三者关系的紧密性：效益以效果为前提，效果以效率为前提。有效率就有一定效果；有效果就有一定效益。效果是效率与效益的中介。效益是效率与效果的统一。

（4）三者关系的整合性：系统运行的基本原则是以效益为导向、以效果为目标、以效率为手段。

对监管方法效率进行量的分析，即从效益方面分析资源投入的多少，增幅的大小；从效果方面分析监管影响程度的强弱，见效的快慢，持续时间的长短等。通过分析，可以揭示和把握提高监管方法效率的本质，有利于按监管过程的因果规律实施组织、完善相关机制，达到安全监管的目标。

二、安全生产监管方法的内部效率

安全生产监管的内部效率是对安全生产行政管理的评价，是针对监管主体事实认知和价值的内在表现。安全生产行政管理是政府安全生产监督管理部门及其委托的行政执法机构运用国家财政、人力资源，协调社会其他资源，并且以国家行政强制力为保障，执行国家法律法规，履行安全生产监督管理职责的活动。实施安全生产监管方法的目的是通过安全生产治理，达到减少和遏制生产安全事故的效果，因而具有一定功利性，即要追求高效率。

政府对安全生产监管的投入包括政府人力资源和管理成本，还有部分监管设备的固定资产投资。它的投入必须保障安全生产监督管理部门内部管理有序，高效运转，否则就是浪费和累赘。从经济学的角度看，安全生产监管效率是价值论的外在表现，是监管投入给经营者及整个社会带来的经济收益；从社会学的角度看，主要是指通过监管活动使社会安全环境的改善程度；从管理学的角度看，主要是指通过监管者履行各种职能，充分利用一切资源实现组织目标的进度。总之，监管效率的评价方式多样，它因行业不同、组织不同而各异。无论从什么学科、什么行业或什么组织出发，都有共同的根本点，这就是效率的产生过程有其主体、客体与中介的相互作用，都是一定主体借助一定中介作用于客体的价值关系。安全生产行政管理评价侧重于对监管主体的评价，主体通过中介的作用必须产生能量的传递，而能量的产生必须通过人力、物力的投入，这些投入直接反映在经济上，可通过货币反映出来。这就是效率的本质，也是监管方法内部有效性的价值论本质。

政府资金投入少，人力资源不浪费，安全生产监管人员职责明确，分工合作合理等表象常被评价为安全生产监管方法的内部效率高效。

三、安全生产监管方法的外部效率

安全生产监管方法的外部效率是监管利害关系各方对安全生产监管效果的评价，是一种事实认知和价值的外在表现。监管利害关系各方主体可分为政府安全生产监督管理部门、生产经营单位、单位职工和普通公民等。政府安全生产监督管理部门对安全生产监管方法效率高常用的评价是："安全生产形势平稳可控、生产安全事故率低或得到有效遏制"；生产经营单位对安全生产监管方法效率高的常用评价是："安全生产监管不影响正常生产或影响小、无生产安全事故或事故率低"；单位职工和普通公民对安全生产监管方法效率高的常用评价是："职业健康、生命安全得到保障，对劳动收益影响小或提高劳动收益"。反之，说明安全生产监管方法效率低下。

效率外在表现在工作上就是单位时间内完成的工作任务数，或者完成某一项工作任务所耗费的工作时间。管理学认为效率外在表现为怎样去做事才做得更快，强调的是方法的改进、手段的更新，以达到省时、速度快的目的。在执行监管各项行政管理职能的过程中，效率外在表现有其不同的形式。例如，在信息获取与处理方面，效率表现为信息收集与处理速度快、收集量与处理量大；在决策过程中，表现为果断迅速；在决策之后，表现为计划严谨周密，费时较少；在执行中，表现为组织精简、人员精干，协调与沟通及时顺畅，反馈快捷，控制超前，等等。

要达到提高效率的目的就要求监管者不断地改进方法、更新手段，加快进度或速度，做得更多更好。而方法的改进是提高效率的根据与本质所在。需明确，安全生产监管方法是一种特殊的社会公共管理产品，效率提高了，监管效果变好往往是一个逐渐显现、逐层递进且多方位影响的过程。

第二节　安全生产监管效率评估数据统计

安全生产监管效率评估数据统计是根据统计学的原理和方法，按科学分类，对一个时期内安全生产行政执法、宣传培训、市场经济调节等相关数据进行收集的行政行为。安全生产监管效率的评估需要相关统计数据支撑，通过对统计数据的梳理、分析、概括、排列，可以反映和评价一个时期内安全生产监管活动的现状、特点、规律、侧重点。通过对统计数据进行量化分析，得到安全生产监管效果，给出定性的结论并最终形成评估报告，为安全生产现实问题提供参考依据，提出解决问题的措施和办法。对安全生产监管效率评估，应建立相应的安全生产监管评估参数与指标体系，可重点统计以下数据。

一、安全生产监督管理部门执法统计数据

按照有关法律法规，以安全生产监察执法行为为主线，建立安全生产行政执法评估指标体系，可以科学地反映安全生产行政执法工作的进展情况。为反映监管方法对安全生产行政执法的影响及取得的新成效，突出反映安全生产监察执法行为的新特点，通过一系列有内在联系并互相补充的安全生产行政执法统计指标，按一定的目的进行组合，可以说明运用新的监管方法后地方安全生产监管执法出现的新情况、新变化。

安全生产行政执法制度已实施十多年，国家安全生产监督管理总局2017年9月印发了《安全生产行政执法统计制度》（安监总统计〔2017〕58号）对原有行政执法统计制度作出重大调整，并实行省、市、县三级安全生产监督管理部门联网直报，从行政执法统计背景、概念、总体框

架、统计的精准度等方面进行了改进。参照该统计制度，结合地方实际，适当增加部分新数据和内容，通过比较、排除、描述等分析手段对安全生产监管方法进行评估，是反映地方安全生产监管新模式、新方法、新变化最简单、最直接的办法。

（一）安全生产现场监管情况

1. 监督监察覆盖率

监督监察覆盖率指安全生产监督管理部门实际监督监察生产经营单位个数占本行政区（辖区）内承担安全监管监察生产经营单位个数的百分比。计算公式为：监督监察覆盖率＝［实际监督监察生产经营单位个数÷本行政区（辖区）内承担安全监管监察生产经营单位个数］×100％。

2. 重点生产经营单位监督监察覆盖率

重点生产经营单位监督监察覆盖率指本行政区（辖区）内重点生产经营单位监督监察个数与本行政区（辖区）内实际监督监察生产经营单位个数的百分比。计算公式为：重点生产经营单位监督监察覆盖率＝［重点生产经营单位监督监察个数÷本行政区（辖区）内实际监督监察生产经营单位个数］×100％。

3. 监督监察复查率

监督监察复查率指统计报告期内，安全生产监督管理部门对生产经营单位（或整治重点行业内生产经营单位）监督检查与复查或重复监督监察的生产经营单位个数的百分比。计算公式为：监督监察复查率＝（监督检查生产经营单位个数÷实际复查或重复监督监察生产经营单位个数）×100％。

（二）生产安全事故隐患查处情况

1. 一般事故隐患按期整改率

一般事故隐患按期整改率指统计报告期内（或整治重点行业期限内），整治对象实际完成一般事故隐患整改数与应完成一般事故隐患整改数的百分比，计算公式为：一般事故隐患按期整改率＝（实际完成一般事故隐患整改数÷应完成一般事故隐患整改数）×100％。

2. 一般事故隐患数

统计报告期内，安全生产监督管理部门对生产经营单位（或整治重点行业内生产经营单位）进行安全生产现场执法检查中查处的一般事故隐患数，以"项"为计量单位填报。

3. 应完成一般事故隐患整改数

统计报告期内，在安全生产监督管理部门查处的生产经营单位（或整治重点行业内生产经营单位）一般事故隐患中，按整改期限要求，应该完成整改的隐患数，以"项"为计量单位填报。

4. 已完成一般事故隐患整改数

统计报告期内，在安全生产监督管理部门查处的生产经营单位（或整治重点行业内生产经营单位）存在的一般事故隐患数中，实际完成整改的隐患数，以"项"为计量单位填报。

5. 重大事故隐患按期整改率

重大事故隐患按期整改率指统计报告期内（或整治重点行业期限内），实际完成重大事故隐患整改数与应完成重大事故隐患整改数的百分比，计算公式为：重大事故隐患按期整改率＝（实际完成重大事故隐患整改数÷应完成重大事故隐患整改数）×100％。

6. 重大事故隐患数

统计报告期内（或整治重点行业期限内），安全生产监督管理部门对生产经营单位进行安全生产执法检查中查处的重大事故隐患数，以"项"为计量单位填报。重大事故隐患的范围和界定，暂由县级以上安全生产监督管理部门根据本地方的具体情况确定。

（三）重大危险源监督监管情况

1. 重大危险源监控率

重大危险源监控率指统计期末（或整治重点行业期限内），实际监控重大危险源数与行政区（辖区）内重大危险源数的百分比。计算公式为：重大危险源监控率＝［实际监控重大危险源数÷行政区（辖区）内重大危险源数］×100％。

2. 行政区（辖区）内重大危险源数

统计期末（或整治重点行业期限内），在安全生产监督管理部门行政区（辖区）内生产经营单位重大危险源个数，以"处"为计量单位填报。

3. 实际监控重大危险源数

统计期末（或整治重点行业期限内），在安全生产监督管理部门备案的生产经营单位重大危险源中，已经采取安全生产监控措施的重大危险源个数，以"处"为计量单位填报。

（四）安全生产行政处罚情况

1. 行政处罚次数

统计报告期内（或整治重点行业期限内），安全生产监督管理部门依法实施行政处罚的次数，以"次"为计量单位填报。

2. 经济处罚罚款次数

统计报告期内（或整治重点行业期限内），安全生产监督管理部门依法实施经济处罚罚款的次数，以"次"为计量单位填报。经济处罚罚款次数包括事故罚款次数、监督检查和监察罚款次数以及其他罚款次数。其中"事故罚款"与"监督检查和监察罚款"次数，要分别填报。

3. 责令停产停业整顿生产经营单位数

在统计报告期内（或整治重点行业期限内），安全生产监督管理部门依法责令停产停业整顿的生产经营单位个数，以"个"为计量单位填报。

4. 提请关闭生产经营单位数

统计报告期内（或整治重点行业期限内），安全生产监督管理部门依法提请政府予以关闭的生产经营单位个数，以"个"为计量单位填报。其中实际关闭生产经营单位是指统计报告期内，在安全生产监督管理部门依法提请关闭的生产经营单位中，已经实施关闭的生产经营单位个数，以"个"为计量单位填报。

5. 经济处罚罚款数

统计报告期内（或整治重点行业期限内），安全生产监督管理部门依法实施经济处罚的罚款金额数，以"万元"为计量单位填报。经济处罚罚款包括事故罚款、监督监察罚款以及其他罚款。其中"事故罚款""监督监察罚款"金额数要分别填报。

6. 实际收缴罚款数

统计报告期内（或整治重点行业期限内），在安全生产监督管理部门依法实施经济处罚罚款中，实际收缴的罚款金额数，以"万元"为计量单位填报（保留小数点后两位数字）。实际收缴罚款包括事故罚款、监督监察罚款和其他罚款。其中实际收缴的"事故罚款""监督监察罚款"金额数要分别填报。

7. 罚款收缴率

统计报告期内（或整治重点行业期限内），实际收缴罚款金额数与经济处罚罚款金额数的百分比。计算公式为：罚款收缴率＝（实际收缴罚款金额数÷经济处罚罚款金额数）×100%。

（五）安全生产听证复议诉讼情况

1. 听证会次数

统计报告期内，安全生产监督管理部门依照有关法规规定，举行听证会的次数，以"次"为计量单位填报。

2. 行政复议起数

统计报告期内，安全生产监督管理部门依照有关法规规定，作为行政复议受理单位，处理行政复议事件的起数，以"起"为计量单位填报。

3. 行政诉讼起数

统计报告期内，安全生产监督管理部门接受和处理行政诉讼事件的起数，以"起"为单位填报。

4. 听证会与处罚案件数的百分比

听证会与处罚案件数的百分比指统计报告期内（或整治重点行业期限内），听证会数量与处罚案件数量的百分比。计算公式为：听证会与处罚案件数的百分比＝（听证会数量÷处罚案件数量）×100%。

（六）安全生产培训情况

1. 应培训特种作业人员数

安全生产监督管理部门组织、指导、管理工矿商贸生产经营单位特种作业人员安全资格考核培训，在统计报告期内，应培训特种作业人员数（包括年度内需复训、新增培训和在有效期内持证人数），以"人"为计量单位填报。

2. 特种作业人员培训持证率

统计报告期内，特种作业人员培训持证人数与应培训特种作业人员数的百分比，计算公式为：特种作业人员培训持证率＝（特种作业人员培训持证人数÷应培训特种作业人员数）×100％。

3. 应培训安全生产管理人员数

安全生产监督管理部门机构组织、指导、管理工矿商贸生产经营单位安全生产管理人员考核培训，在统计报告期内，应培训安全生产管理人员数，以"人"为计量单位填报。

4. 应培训企业主要负责人数

安全生产监督管理部门组织、指导、管理工矿商贸生产经营单位主要负责人安全资格考核培训，在统计报告期内，应培训生产经营单位主要负责人数（包括年度内需复训、新增培训和在有效期内持证人数），以"人"为计量单位填报。

5. 生产经营单位主要负责人培训持证率

生产经营单位主要负责人培训持证率指统计报告期内，生产经营单位主要负责人培训持证人数与应培训生产经营单位主要负责人数的百分比，计算公式为：生产经营单位主要负责人培训持证率＝（生产经营单位主要负责人培训持证人数÷应培训生产经营单位主要负责人数）×100％。

二、生产经营单位主体责任落实情况统计数据

通过安全生产监管推动生产经营单位落实企业主体责任是政府监管工作的一项重要内容，地方生产经营单位落实安全生产主体责任的情况

是检验监管效果的重要指标。合适的安全生产监管方法必然带来生产经营单位安全生产管理水平的提升。因此，在合适的安全生产监管方法激励下，生产经营单位安全生产管理状况必然有很大改观或是产生质的飞跃。结合生产经营单位安全生产标准化建设，针对地方实际情况，制定评分细则确定各项分值，并对分值形成原因进行说明、描述。实际操作中对生产经营单位主体责任落实情况根据评分细则如实进行得分及扣分，在汇总表中逐条列出，并折合为相关分值，形成统计数据。

三、安全生产监管成果相关数据

安全生产监管成果就是通过监管活动，得到的安全生产现状。该现状可以用数据进行统计，运用相关数据可以计算出监管产生的效益等参数，得出监管活动与地方现状的关联和对地方现状的影响。如通过计算地方安全生产伤亡率，得出监管前后的经济情况和生产安全事故发生的状况。常用的主要数据包括以下几种。

1. 查处事故数

统计报告期内（或整治重点行业期限内），安全生产监督管理部门负责调查处理的生产安全事故起数（包括一般事故、较大事故和重大事故），以"起"为计量单位。其中"较大事故"和"重大事故"要分别统计。

2. 实际结案数

统计报告期内查处的事故中，安全生产监督管理部门实际完成结案的事故起数（包括一般事故、较大事故和重大事故），以"起"为计量单位。其中"较大事故"和"重大事故"要分别统计。

3. 百万元 GDP 伤亡事故率

统计报告期内，发生伤亡事故起数与地方产生百万元 GDP 的百分率，计算公式为：百万元 GDP 伤亡事故率＝（发生伤亡事故起数÷地方产生百万元 GDP 数）×100％。

四、安全生产监管数据的分类

参照我国安全生产行政执法统计制度，可将安全生产监管数据分为绝对量数据和相对量数据。同时，从动态的角度分析，评估也应考虑到时期数据和时点数据。

（一）绝对量数据

绝对量数据是反映现行总体现象规模的统计数据，包括反映安全生产执法的评估数据和反映生产经营单位主体责任落实情况等的主要评估数据，以年为单位，建议以当年开始计算，回溯至四年前，以五年为一个周期进行分析，需要逐年采集、统计。

（二）相对量数据

相对量数据是若干个有联系的绝对量数据相比较的结果，说明总体现象的发展变化和总体的结构等情况，与绝对量数据相对应。相对量数据不需要采集、填报，由计算机软件计算生成，可直接用于统计分析。在使用中，既可以分别使用绝对量数据或相对量数据，又可以把二者结合在一起使用。

（三）时期数据和时点数据

在安全生产行政执法统计数据中，可根据绝对量数据反映的时间不同，将其分为时期数据和时点数据。

1. 时期数据的概念

时期数据反映的是安全生产监管有关情况在一定时期内达到的总数量，是一个流量，如实际监督检查生产经营单位个数、新建改建扩建项目个数等。时期数据对应某一变量的具体数值就是时期数。对时期数必须明确填报数据所需要的时间范围，建议以五年为一个周期进行统计。

2. 时点数据的概念

时点数据反映的是安全生产监管及其有关情况在某一时点上达到的规模或水平，是一个存量，如应监管检查生产经营单位个数、期末持有安全生产许可证生产经营单位个数等。同样，时点数据对应某一变量的具体数值就是时点数。对时点数要弄懂统计数据所规定和标明的统计时间点，需要填报期末数，建议以一年为一个时间时点。

3. 时期数和时点数的特点

时期数的数据值具有连续统计的特点，而时点数的数据值不具有连续统计的特点；时期数的数据值具有可加性，而时点数的数据值不能相加；时期数数据值的大小与所包括的时期长短有直接的关系，而时点数数据值的大小与时间间隔长短无直接的关系。如某一地方，经济飞速发展，五年内生产经营单位人员增加 100 万人，生产经营单位增加 1 万家，重点单位增加 600 家，这个增加数就是时期数，而每个年度的增加数和存量构成的总量则是时点数。

第三节 安全生产监管效率的评估

安全生产监管效率的评估建立在安全生产监管统计的基础上。当前安全生产的严峻形势让我们认识到安全生产监管急需提升效率，但是这并不意味着政府必须不顾社会承受能力，制定成本巨大的监管政策或者无理性地仓促出台一些收效甚微的监管政策。理性和量化的评估机制能够严格并明确地对监管政策进行系统分析，有助于更好地提高安全生产监管效率。从不同侧重点得出的评估结论，可以帮助我们从不同角度掌握安全生产监管工作的基本情况，找准监管中的薄弱环节，确定监管工作的重点。通过评估结果，可以发现某一区域、某一行业、某一单位经过专门监管后的安全生产状况。同时，评估结论也是地方政府科学决策的重要依据，通过对大量执法统计数据的梳理、分析、概括，可以从不同侧面找出阶段内安全生产监管工作的主要特点、存在的主要问题，以及发展趋势的预测分析，给出结论，从而为地方政府使用某种监管方法提供依据。据此，评估分为政策实施前的决策性评估与政策实施后的总结性评估两种类型，前者确定是否运用某一监管政策，依据评估进行决策；后者是对已经实施的监管政策进行总结，从而对监管方法进行调整和改进，便于推广。

一、安全生产监管效率评估体系的建立

进行安全生产监管效率的评估要先建立评估体系。建立安全生产监管效率评估体系是运用统计学原理，对评估对象的监管目标、投入成本、取得成果、获得效益、任务完成等数据进行组合，依据明确的监管意图，

对监管预期和结果的计算方法进行确定，对评价模式进行设置的工作。安全生产监管政策的实施有可能产生正面和负面的经济、社会和环境影响，在这种情况下，权衡利弊就成为政府监管的一项重要工作。如何在降低安全风险的同时尽可能提高监管过程中资源配置的效率，以最少的资源投入达到监管目标就是建立评估体系的根本目的，而通过这个评估体系得出的评估结论可以为决策提供依据，如监管机构对使用危险化学品类生产经营单位的监管，保护了区域内环境，生产安全得以保障，火灾爆炸等生产安全事故得到遏制，促进了经济的可持续发展，但是监管机构必须因此付出相应的监管成本，在危险化学品无可替代的情况下，也会给生产经营单位带来一定的负面影响。

根据安全生产监管评估体系进行评估就是对安全生产监管政策出台前的可能性影响和实施后的实际影响进行全面而系统的评估，其目的是确保监管政策的出台能够符合政府安全生产监管的目标，表明其已经考虑到所有主、客观因素，并适当衡量了其对安全生产领域的影响，最终证明此项安全生产监管政策的正当性，从而为监管政策的修订和矫正提供参考。决策性评估可以在改革政策执行前用以决定是否选择这一监管方法，之后在适用该方法结束的情况下进行总结性评估，再次测量同样参数，提供适用安全生产监管方法前后的比较数据，尽可能表明在投入成本、取得成果、获得效益等参数上发生的各种变化都是因为适用方法本身，而不是环境中的其他因素造成的，以决定该安全生产监管方法是否继续执行，或进行相应的改进和提高。这样可以对改革后的安全生产监管方法是否成功提供客观评价的依据。

当然安全生产监管效率的评估体系要保持持续性和一致性，避免出现标准不一样，评估结果不一样的局面，这需要有关部门统筹兼顾，合理设置，科学设计。

二、安全生产监管效率评估的内容

通常来说安全生产监管评估的评估内容主要包括以下几个方面。

（1）监管目标的阐述。描述待解决的监管问题以及针对其制定的监管政策的总体目标，总结性评估和论证取得的成效是否与目标吻合。只有目标清楚才可能在任何需要的情况下去评估与此目标相关的过程、方法和产出等。

（2）监管所涉对象的安全满意度和安全生产管理水平提升程度。受监管政策影响的群体，包括可能受益的生产经营单位和个人、可能的成本承担者；安全生产管理水平提升程度中，安全生产设备设施投入情况也是评估内容。

（3）成本收益分析。即针对监管方法进行成本收益分析，包括实际和潜在的收益和成本。最终监管方案的选择，即根据成本收益分析的结论，尽可能选择净收益最大的方案，但同时必须说明为什么不选择其他能够以更低或同等的成本达到同样监管目标的可替代方案。

（4）监管效率提升程度分析。在原有安全监管职责、监管权限、行政执法人员数量、监管的生产经营单位状况、技术装备和经费保障等实际情况不变的基础上，对监管的对象、时间、监管次数、履行职责主要事项、监管方式和履行分工，监管结果有无提升等内容方面进行分析评估。

（5）评估结论。根据以上各项分析结果，得出监管效果的整体结论。运用安全生产监管评估体系对地方安全生产建设进行评估，要注意一是要遵循统计学的基本原理和方法，运用大量的监管统计数据，定性分析与定量分析相结合，科学说明监管中仍需改进的问题；二是要文字表述与数据说话相结合，文字数据并重，有依据地充分说明问题；三是既要遵循安全生产普遍规律和要求，同时要及时发现新亮点和新规律，善于推广和总结。要及时总结本地方、本部门安全生产监管工作经验、有效做法、存在问题，提出调整下一阶段安全生产监管方法的建议。

三、安全生产监管效率评估的方法

安全生产监管效率评估的方法主要有以下几种。

（一）目标评估法

目标评估法主要采取比较分析的方法，通过对绩效与标准的对比，来确定机构或项目是否实现预期要求或目标，这是在客观条件和投入变动不大的情况下，对绩效进行比较粗略评价的方法，也是一种被广泛采用的方法。该评估方法通常运用统计学原理，经过前期科学调查与统计，先设定目标，然后测算出实际情况，得到与目标的差距，从而得出评估结论。根据目标评估法，运用安全生产监管统计数据，设定监管目标，可以得出监管方法适用前后对监管目标的影响程度，从而得到该方法监管效率的评估结论。该评估方法也可对监管效率进行量化分析，直观地反映地方安全生产监管效率。如评估某安全生产监管方法是否达到提高执法效率的预期目标，可建立数据模型，计算出安全生产执法效率分值 P，如式（4-1）所示。

$$P = M \div T \times R \tag{4-1}$$

式中：M——安全生产执法监察人员总体工作成果；

T——安全生产执法监察人员全部工作时间；

R——任意确定的参数。

其中

$$M = M1 + M2 + M3 + M4 + M5 + M6 \tag{4-2}$$

式中：$M1$——检查生产经营单位数量；

$M2$——处罚次数；

$M3$——强制措施次数；

$M4$——采取现场处置措施次数；

$M5$——宣传培训次数；

$M6$——其他。

结合监管预期的目标，对分值进行合理、认真、科学、客观地评估，确定各个档次的参数 P 值。$P1$ 为 90 以上，是高效率，可持续运用；$P2$ 为 90 至 80，是好效率，需改进并持续运用；$P3$ 为 80 至 60，是效率一般、需大力改进并谨慎持续运用；$P4$ 为 60 以下，是效率低，需更新，不建议持续运用。

根据式（4-1）、式（4-2）得出实际 P 值，对照参数，得出评估结果：当 P 值大于 90 时，说明地方安全生产执法效率为优秀；当 P 值介于 80~90 之间时，说明地方安全生产执法效率为良好，依此类推。确定监管方法所要达到的目标，从而得出是否达到预期目标的评估结论。

生产经营单位安全生产状况改进程度、地方安全生产发展建设等单项评估均可适用该方法。同时，综合监管效果的评估是各单项评估的和，因此要合理确定单项，科学确定综合效率参数，从而准确地得到评估结论。

（二）比较评估法

比较评估法是一种与被评价者评价活动相关的活动领域相比较的评估方法，也是最常用的一种评估方法。该方法先确定评价的标准，并将被评价者的活动或目标实现情况与之相比较，看其在多大程度上符合这个评价标准。比较评估法可细分为因素比较与结果比较，分别反映监管活动的效益和效率。根据比较评估法，运用安全生产监管统计数据，可以比较监管方法适用前后对监管目标的影响程度，从而得到该方法监管效率的评估结论。如以安全生产监管方法适用期间内亿元事故发生宗数（包括一般事故、较大事故和重大事故）为计量单位，根据监管方法适用前三年的事故平均数为指标，通过公式：亿元生产安全事故年度增减值＝设定的事故年度值－本年度事故值，得出连续几年事故增减值，制作出近三至五年"亿元生产安全事故宗数变化直条图"。通过比较，得出适用新的安全生产监管方法后亿元事故增减量及变化趋势，从而得出适用结果，得到适用效率的结论。

（三）因素分析法

因素分析法是在目标评价结果的基础上，对目标实行全面评价，分析对目标实现产生影响的各种因素的影响程度。没有实现的主要原因是行政组织或行政人员的主观因素，还是客观条件没有具备。通过这种分析，发现影响目标实现的问题所在，以便有针对性地提出解决办法。根据因素分析法，运用安全生产监管统计数据，可以得出监管方法适用前后对监管目标的影响程度，从而得到该方法监管效率的评估结论。

（四）工作标准评估法

工作标准评估法是以具体工作为中心、以被评价者的工作活动为评价点，分析评价被评价单位工作活动与工作标准之间的差异。在具体评价过程中，要以工作性质和职务岗位说明为依据，按照其标准和要求程度对工作人员的工作进行评价。根据工作标准评估法，运用安全生产监管统计数据，以具体安全生产监管工作为中心、以生产经营单位安全管理活动为评价点，分析评价被评价生产经营单位工作活动与安全生产技术标准之间的差异。可以得出监管方法适用前后对监管目标的影响程度，从而得到该方法监管效率的评估结论。

（五）调查评估法

调查评估法既可收集信息，也可进行绩效评估。通过对与机构或项目有关的人员的调查，可以了解到被评价者编报的绩效报告中无法提供的信息。采用此法，需要事先编制比较全面的调查问卷，并将问卷发放给相关人员，以了解其对被评价者绩效的看法。从调查方法看，可采用普查和抽查两种方法。从调查对象的选择来看，可采用公众调查和专家调查两种方法。根据调查评估法，设计安全生产监管方法效率评估问卷等资料，广泛收集生产经营单位、安全生产管理人员、监管人员、员工对评估问卷等资料的反馈，同时运用安全生产监管统计数据，可以得出监管方法适用前后对监管目标的影响程度，从而得到该方法监管效率的评估结论。

第四节 提高安全生产监管方法效率的策略

策略指计策和谋略，一般是可以实现目标的方案集合，是根据形势发展而制定的行动方针。传统意义上的监管方法，因为缺乏针对性，所以具有表面性、阶段性；因为信息不对称，所以监管具有被动性、滞后性；因为手段的落后，所以监管具有高成本、低效率的特点。在科学监管策略的指导下，提高监管的效率就是要追求监管方法的有效性。有效性的具体体现就是要突破传统监管的模式，使全面监管向重点监管转变，事后监管向事前预防转变，结果监管向过程监管转变。在此基础上，实现监管的低成本、高效益。因此，全面分析并掌控各种不安全生产因素发生的环节、地点、过程、时机，才能变被动为主动。这就需要监管者找准不同安全生产监管方法的切入点，运用科学监管的新思维、新方法、新体系，合理地优化配置各种管理资源，以最优的监管方法取得最高的工作效率。基于此，提高安全生产监管工作的效率就是要运用安全生产监管策略，对现代监管方法进行选择。选择不正确，无异于南辕北辙，只会离目标越来越远，无法实现提高监管效率的目标。结合《意见》提出的方针政策和安全生产管理理论成果，笔者认为提高安全生产监管方法效率的策略应包括以下几个方面。

一、提升监管能力，因情施策

行政管理学认为影响行政主体行政能力的因素主要包括两大类：一类为行政观念。观念是一种无形地支配人们行为的意志，它作为人们判断事物的标准决定着监管主体的行为。行政主体在作出决策、制订计划、谋划未来时都必然会基于某种观念，如它能以适应外界变化的观念去制定策略，就可能得到较好的效果，否则，只能在实践中失败。另一类为行政管理者的知识结构，对一个现代行政主体来说，其行政管理者应具备一定的管理知识及丰富的行业技术知识。

安全生产监管主体是指具有监管科学知识和技能、拥有相应权力、从事监管活动的监管者。在安全生产监管活动中，监管主体的监管能力是影响监管方法效率的主导因素。而监管主体的安全观念和安全知识储备是影响安全生产监管能力的关键。监管能力包括监管主体的观察能力、思维能力、处理问题的能力、组织能力等方面，实际上也就是政府安全生产管理能力。通过对安全生产管理理论的学习和实践，可以极大地增强监管主体的安全观念；通过对安全生产技术的学习和实践，可以极大地丰富监管主体的知识储备。全国各地基本情况不同，区位位置各有优劣，产业结构各不相同，资源状况各有特点。这一现象事实上造成了各地方对国家安全生产政策实施有轻重缓急之分，对安全生产各种因素的需求各不相同，需解决的安全生产难题存在差异且有先后顺序之别。监管主体的监管能力得到了提升，就可以根据地方安全生产实际情况，通过选择科学合理的安全生产监管方法，因地制宜，实事求是，掌握地方安全生产形势的主动权，因情施策。

二、运用先进设备，技术施策

科技是第一生产力，先进科学技术的研发应用可以极大提高安全监管方法的效率。产业落后、工艺和设备危险的生产经营单位极易产生生产安全事故；运用安全生产科学技术，先进的工艺和设备保障了本质安全，安全生产监管的工作量大幅减少，监管效率必然会大幅提升。

安全技术应用于客体，发明创造出大量安全生产设备设施，同时也为安全生产监管提供了科学手段和工具。目前，国家正抓紧进行安全科技支撑体系建设：开展了优化整合国家科技计划，统筹支持安全生产和职业健康领域科研项目，加强研发基地和博士后科研工作站建设；进行事故预防理论研究和关键技术装备研发，加快成果转化和推广应用；推动工业机器人、智能装备在危险工序和环节中的广泛应用；提升现代信息技术与安全生产融合度，统一标准规范，加快安全生产信息化建设，构建安全生产与职业健康信息化全国一张网；运用大数据技术开展安全生产规律性、关联性特征分析，提高安全生产决策科学化水平等全局性工作。

政府安全生产监督管理部门应充分运用先进的安全技术，实施技术施策，提高安全监管效率。

三、严格依法监管，精准施策

现行法律和安全技术标准为安全生产监管方法提供了法律依据和标准规范，安全监管方法的选择必须在现行法律和安全技术标准框架内进行，依法监管，科学施策。

地方立法机构及政府可以结合地方实际，制定安全生产监管方法方面的地方性法律法规及规范性文件。地方在适用安全生产监管方法时，应结合地方实际，针对不同层次的法律规定，在不互相抵触的情况下，运用行政自由裁量权，合理适用。通过严格、规范、公正、文明的执法，增强监管执法效能，在提高安全生产法治化水平的同时，实现精准施策。

四、坚持源头防范，科学施策

坚持源头防范是我国多年安全生产监管实践的经验总结，已成为我国推进安全生产领域改革发展的基本原则，对监管方法效率的提升具有深远的指导意义。它要求严格安全生产市场准入，经济社会发展要以安全为前提，把安全生产贯穿城乡规划布局、设计、建设、管理和生产经营单位活动全过程。构建风险分级管控和隐患排查治理双重预防工作机制，严防风险演变、隐患升级导致生产安全事故发生。

坚持源头防范，强化源头治理，严格安全准入标准，可以将安全风险消灭于萌芽状态，是各类安全生产监管的前置方法，避免了面对后续纷繁复杂的安全生产形势时，地方安全生产监管水平在低层次循环的困境，可以提高监管精准度，并减少监管的工作量，从而极大地提高监管方法的效率。

五、坚持系统治理，综合施策

提高安全生产监管方法的效率必须遵循系统治理原则，作为当前和今后一个时期内我国安全生产领域改革发展的纲领性文件，《意见》指出系统治理就是依靠严密层级治理、行业治理、政府治理、社会治理相结合的安全生产治理体系。

系统治理符合安全生产系统安全理论。系统安全是指在系统寿命周期内应用系统安全管理及系统安全工程原理，识别危险源并使其危险性减至最小，从而使系统在规定的性能、时间和成本范围内达到最佳的安全程度。系统安全的基本原则是在一个新系统的构思阶段就必须考虑其安全性的问题，制定并开始执行安全工作规划——系统安全活动，并且把系统安全活动贯穿于系统寿命周期，直到系统报废为止。安全生产从来都不是孤立的，隐患也罢，事故也罢，从形成到发展，都是各种因素综合作用的结果。这些因素有社会的、经济的、管理的、制度的、技术的、心理的，等等，错综复杂。防范化解重大安全风险，破解安全生产领域的重点难点问题，必须坚持系统论，进行综合治理。只有对致灾风险因素有清醒地认识，从更高层次上加以分析、研究和把握，才能更深刻地认识规律、更妥善地运用规律，掌握工作主动权。

系统治理需要强调以下几个方面的建设：首先要树立依法治理意识。立善法于安全生产，则安全生产治。健全完善安全生产法律法规体系是推进安全生产依法治理的前提。失去法律依据，安全生产将成为无源之水、无本之木。其次系统治理需要健全综合防控机制。对生产经营单位而言，生产经营的根本目的是盈利，而整改隐患所需要的资金投入却似乎与之"背道而驰"。因此，有的生产经营单位会出现安全投入积极性、主动性不高，对待监管指令阳奉阴违或抱有侥幸心理的情况。推动生产经营单位自觉加强安全管理，建立自身约束、自我激励的综合防控长效机制，必须运用经济手段、法律手段和必要的行政手段，发挥生产经营单位主体作用，才能让安全生产监督管理部门和生产经营单位形成合力，提高安全监管效能。最后系统治理需要完善科技支撑体系。很多生产安全事故的发生，都逃不过生产技术水平低下这一因素。加大硬件投入，尤其是广泛推广应用科学技术，实现机械化换人、自动化减人，从而提升生产经营单位本质安全水平，方为釜底抽薪的治本之策。夯实安全生产基础，必须用好科学技术这把"利器"。

系统治理是创新安全生产工作思维方式的有力抓手，是坚守底线原则的关键一环。例如，2015年的天津港"8·12"事故，经调查，涉及运输、审查、评价、验收、存储等多个环节，暴露出多个部门单位监管职责缺失问题。事故警醒我们，只有不断健全和完善系统治理工作机制，才能有效祛除沉疴顽疾。

六、坚持改革创新，与时俱进

创新是在规范基础之上实现与时俱进的重要形式，是对规范内涵与外延的扬弃与升华。当原有的工作平台不能或不足以支持变化了的环境因素时，就需要变革，并在更高层面上构建新的平台，如此循环往复，不断提高监管水平。规范强调的是基础性、稳定性；创新强调的是突破性、科学性。没有规范，创新难以进行；没有创新，规范不能长久。

在不断推进安全生产理论创新、制度创新、体制机制创新、科技创新和文化创新，增强生产经营单位内生动力，激发全社会创新活力，破解安全生产难题，推动安全生产与经济社会协调发展的同时，要进行安全生产监管方法的创新。监管方法的创新应把握守旧与创新的关系，做到在创新中监管，在监管中创新，适应安全发展新常态。

要根据出现的新问题、新情况等，适时调整监管方法。这就要求政府部门不断营造创新法治环境，加强适应创新的监管立法体系建设，鼓励创新，使之依托并服务于我国快速发展的安全生产监管需求。创新的安全生产监管方法表现于地方必然是各有特色。地方要勇于实践、敢于探索，通过培训、交流、咨询等多种渠道，了解最新的安全管理理论，保持学习的能力，吸收安全管理最新的研究成果，找出适合本地方安全实际的最优监管方法，以适应我国地方经济高速发展和安全水平大幅提升的需要。

七、持之以恒适用，久久为功

持之以恒地适用正确的监管方法，监管效果会越来越明显。实践证明，监管方法适用的效果和持续时间有必然关联，将监管方法持续的时间轴延长，可显著地放大其监管效果，或可形成加速度达到提高安全生产监管效率的目的。所谓"只要功夫深，铁杵磨成针"，事实证明哪怕是监管方法暂时存在瑕疵，在运用中经过修正和调整，只要达到一定时间阈值就会见到成效，持之以恒必然会达到一定的监管效果。相反，监管方法朝令夕改，会使安全生产监管队伍无所适从；"三心二意"，会造成政府公信力危机，导致安全生产监管生态恶化。

当然安全生产监管方法并不是一成不变的，如果方法存在缺陷，就要适时进行调整，调整最好是局部的、有限的，以保证政策的延续性和一致性。如果事实证明监管方法存在严重错误，甚至和法律法规发生冲突，就要以壮士断腕的决心和勇气进行变革，不然就会造成严重的后果。

如果没有特殊情况，建议至少保障在一届任期内维持地方安全生产监管大政方针不变或只进行局部调整。监管政策"墨守成规"和"朝三暮四"都会使地方安全生产监管误入歧途。持之以恒可以使监管目标持续不断地被实现，在相对稳定的环境中，监管政策不因时空变化而受到干扰，可提高监管效率。

第五节　常见地方安全生产困境及应对方法

根据《意见》的要求，结合影响地方安全生产状况的主要因素和现有研究成果，笔者建议对以下常见的地方安全生产困境采取相应的监管方法。

一、地方安全生产现状出现危机

地方安全生产现状出现危机是指地方已经发生较大以上生产安全事

故。事故的发生是安全生产矛盾集中爆发的表现，说明前期安全生产隐患排查不力，有重大安全生产隐患存在，并且没有得到有效管控。暴露出地方安全生产监管不力，安全管理不到位的问题。此时为维护人民群众生命安全，回应行政管理面临的社会舆论，有必要进行安全生产监管方法上的调整，以适应地方安全生产形势需要。根据目前现有的监管模式，推荐运用重点监管方法，并注重加强以下重点工作。

（一）根据生产安全事故整改措施开展一系列安全生产执法活动

通过开展生产安全事故调查工作，及时、准确地查清生产安全事故原因，查明生产安全事故性质和责任，评估应急处置工作，总结生产安全事故教训，提出生产安全事故整改措施。要结合生产安全事故调查报告对生产安全事故调查过程中发现的有缺陷的安全管理问题、同类型的安全隐患，以消除和减少生产安全事故为目的，在地方有重点地开展隐患排查和安全生产整治行动。

发生生产安全事故后，我国政府一直坚持问责与整改并重，充分发挥生产安全事故查处对加强和改进安全生产工作的促进作用。多年来地方安全生产监管也是以生产安全事故发生类型为导向，以生产安全事故分析结论为引领，开展相关监管工作的。要针对生产安全事故中暴露出的突出问题、要害问题、敏感问题逐一排除和解决，包括消防、道路交通、建筑施工、危险品、特种设备等重点行业和领域，尤其是涉及非法建设、非法生产、非法经营的重大安全生产隐患。此时全力遏制生产安全事故的再次发生是首要任务，更深层次的系统问题要在后续的整改中予以解决。

（二）明确分工和责任人

在我国安全生产综合监管体制下，要充分发挥各部门的监管职责，以点带面，开展综合整治。如公安部门重点整治民用爆炸物品和剧毒物品的使用管理安全；交通部门重点督促营运企业加强营运车辆的安全管理，加强对道路危险货物运输的监控；建设部门重点整治建筑质量和施工安全，燃气贮存、充装等场所的安全；应急管理部门重点整治危险化学品生产、经营企业的安全；市场监管部门重点整治起重机械、电梯、锅炉、大型游乐设施等特种设备安全等。执法整治行动应实行属地管理、辖区负责制，分工包干、责任到人。以一级政府为单位，全面开展本单位辖区的整治工作，按照制订的工作方案，分片负责，一把手负总责；各部门也要一把手挂帅，按照各自的职责在本系统、本行业或管理范围内开展工作。各执法主体要主动服从并密切配合，完成相关治理工作。

（三）明确督查和验收程序

纪检监察部门、地方安全生产委员会办公室应负责执法行动的督查、督办工作。可成立明查暗访组，组织机动力量或相关工作组，对重点领域进行不定期的检查和走访，对于在明查暗访中发现的安全生产隐患，统一由地方安全生产委员会办公室进行督办；创新检查督查方法，可适时组织各单位、街道或社区依法、依规、按程序进行交叉督查检查，检查结果可作为评价整治执法行动效果的直接依据；最后要组织验收，对排查出来的安全生产隐患，要逐一建立档案，落实责任人，落实整改措施，并由地方安全生产委员会组织人员逐一整改销号并对执法整治的工作情况进行验收。

（四）力求解决多年来安全生产监管上存在的难点和重点

生产安全事故从某个角度上说，影响和推动了我国安全生产政策的制定，其中以生产安全事故为导向开展执法行动是我国安全生产监管的一个重要方法。根据规定，事故结案后一年内，负责事故调查的地方政府和国务院有关部门要依法组织开展评估，及时向社会公开；对不履行职责导致生产安全事故整改和防范措施不落实的，要依法依规严肃追究有关单位和人员责任。

生产安全事故发生后，社会、组织、个人均付出了惨重代价，在血淋淋的事实面前，有些地方通过重点监管方法开展执法行动，开展拉网式的安全生产大检查、大排查、大整治，解决了不少困扰地方多年的安全生产难题，整体提升了地方安全生产监管水平，在消除监管盲区、化解风险隐患、压降生产安全事故总量上打了一场歼灭战、攻坚战，取得了良好的效果。地方安全生产现状出现危机时，要力求从治理体系和治理能力上解决影响地方安全生产的根本性问题。要坚持问责与整改并重，充分发挥生产安全事故查处对加强和改进安全生产工作的促进作用。更要将适合地方的生产安全事故后整治方法作为一项安全生产制度坚持下去，固化责任，强化机制，形成长效之策。

二、地方安全生产监管漏管失控

地方安全生产监管漏管失控主要表现为监管效率低下、监管效能不足、监管方法失效等几种情况。出现以上情况会造成安全生产监管不力，引起生产经营单位安全生产管理混乱，地方安全生产生态恶化等状况。因此，有必要进行监管对策等方面的调整。相应对策如下所述。

（一）安全生产监管效率低下

监管压力大或能力弱化等原因均会造成安全生产监管效率低下，具体表现为安全生产监管负荷重，监管人员超时满勤工作仍不能完成安全生产监管任务，无法满足现时安全监管的需要。根据目前现有的监管模式，推荐运用网格监管方法，并注重加强以下重点工作。

（1）加大安全生产财政投入，健全监管执法保障体系。制定安全生产监管网格规划，明确网格监管执法装备及现场执法和应急救援用车配备标准，加强监管执法技术支撑体系建设，保障监管执法需要。建立完善负有安全生产监督管理职责的部门监管执法经费保障机制，将监管执法经费纳入同级财政全额保障范围。

（2）加大安全生产网格监管人力资源方面的投入，严格监管执法人员资格管理，制定安全生产监管执法人员录用标准，提高专业监管执法人员比例。建立健全安全生产监管执法人员凡进必考、入职培训、持证上岗和定期轮训制度。

（3）加强网格监管执法制度化、标准化、信息化建设，确保规范高效的监管执法。建立安全生产监管执法人员依法履行法定职责制度，激励并保证监管执法人员忠于职守、履职尽责。

（二）安全生产监管效能不足

安全生产监管效能不足具体表现为安全生产监管影响生产经营单位

的生产经营，民怨大；生产经营单位因为安全监管问题意见集中，投诉多；行政检查、行政强制、行政许可等行政执法管理手段运用频繁，障碍多；安全生产监管政策出现偏差，乱罚款等。安全生产监管某种机制如果出现以上情况，严重阻碍了生产经营单位的正常生产经营，成为当地经济和社会的发展的障碍，就有必要进行方法上的改革与调整。根据目前现有的监管模式，推荐运用计划监管方法，并注重加强以下重点工作。

（1）根据本部门执法人员的数量、装备配备、执法区域的范围和生产经营单位的数量、分布、生产规模以及安全生产状况等因素，合理制订年度监督检查计划。年度监督检查计划应当包括检查的生产经营单位数量和频次、检查的方式、检查重点等内容。计划的内容应当明确、具体，具有可操作性，并落实到本部门内设责任机构及人员。

（2）加强规范执法建设。根据《中华人民共和国行政处罚法》《政府信息公开条例》《国务院办公厅关于印发推行行政执法公示制度执法全过程记录制度重大执法决定法制审核制度试点工作方案的通知》（国办发〔2017〕14号）等法律法规及相关规定，全面推行执法公示、执法全过程记录、重大执法决定法制审核"三项制度"，制定安全生产执法规范建设工作指导意见，推进执法队伍规范化、正规化、专业化建设；推行以信用监管为基础的生产经营单位安全承诺制，切实做到对违法者"利剑高悬"，对守法者"无事不扰"。

（3）充分运用执法警示教育，加强安全生产监管。政府安全生产监管目标和生产经营单位安全需求是一致的，由于生产经营单位的经营压力与自身安全生产技术专业性限制，对安全生产的理解会出现偏差，因此应充分利用教育宣传等柔性监管方式，加强安全教育培训，甚至在执法现场运用"说教式执法"，可以激发生产经营单位主体意识，督促其落实主体责任，使监管对象主动作为，化解执法对象的抵触情绪，极大地提高监管效率。

（三）安全生产监管方法失效

安全生产监管方法失效具体表现为安全生产监管方法不合理，已不能适应社会经济发展需要；日常安全生产监管效果不明显，与监管力量的投入不匹配；生产经营单位主体责任等安全生产核心要素未被唤醒，体制和能力建设缺失造成监管效率低下。以上情况会严重阻碍政府安全生产监管能力建设，为有效防范化解重大安全风险，切实保护人民生命财产安全，必须进行改革与调整。根据目前现有的监管模式，推荐运用网格监管方法，并注重加强以下重点工作。

（1）从根本上全面完善安全生产监管执法制度。明确每个生产经营单位安全生产监督和管理主体，制订网格执法计划，完善执法程序，依法严格查处各类违法违规行为。

（2）加强重点领域的监管力度，针对本地方产业聚集的特点，运用先进的安全生产技术和管理手段，坚持源头防范，构建风险分级管控和隐患排查治理双重预防工作机制，从根本上改变安全生产监管被动的工作局面。

（3）调整安全生产监管方法，坚持改革创新。

（4）进一步完善地方监管执法体制。加强安全生产执法队伍建设，强化行政执法职能。统筹加强安全生产监管力度，重点充实市、县两级安全生产监管执法人员，强化乡镇（街道）安全生产监管力量建设。

三、地方长期处于高危状态

地方长期处于高危状态是指地方一般生产安全事故多发频发、高危产业聚集、高危岗位和领域集中等。地方长期处于高危状态会造成重大安全隐患增多，易发生重特大生产安全事故的不利局面。

（一）生产安全事故多发频发的局面没有得到有效遏制，甚至出现上升的趋势

如果生产安全事故多发频发的局面没有得到有效遏制，甚至出现上升的趋势持续三年以上，就要引起高度警觉。生产安全事故频发证明地方大量存在安全生产隐患排查不力、违章操作不断、安全生产管理混乱、监管不力等问题，造成安全生态恶化，加强安全生产监管或者进行监管方式上的变革势在必行。根据目前现有的监管模式，推荐运用重点监管、前瞻性监管等方法，并分别注重加强以下相关重点工作。

（1）运用重点监管方法，强力整治。通过生产安全事故发生比例，

找到生产安全事故多发的重点行业和岗位。面对生产安全事故频发的局面没有得到有效控制，甚至出现上升的趋势，要运用安全生产专项法律法规，进行集中整治，有效遏制生产安全事故高发的势头。

（2）运用前瞻性监管，根据预防原理的本质安全化原则，强化生产经营单位预防措施。利用现代安全科学技术，应用推广使用危险行业、区域、岗位先进的安全生产设备设施；运用新技术、新工艺进行技术改造，提升生产安全事故高发行业本质安全水平。完善生产安全事故调查处理机制，坚持问责与整改并重，充分发挥生产安全事故查处对加强和改进安全生产工作的促进作用，前瞻性地发现问题，力争系统性地解决问题。

（3）按规定建立生产安全事故调查分析技术支撑体系，所有生产安全事故调查报告要设立技术和管理问题专篇，详细分析原因并全文发布，做好解读，回应公众关切。建立生产安全事故暴露问题整改督办制度，生产安全事故结案后一年内，负责生产安全事故调查的地方政府要组织开展评估，及时向社会公开，对履职不力、整改措施不落实的，依法依规严肃追究有关单位和人员责任。

（二）地方高危产业聚集，风险加大

有些行业并无危险性，如娱乐业、食品制造业等，但如果涉及到人员聚集场所、有受限空间、使用液氨制冷等高危领域，那么就具有足够的危险性，应引起高度重视。根据目前现有的监管模式，推荐运用溯源监管、分类分级监管、闭环循环监管等方法，并分别注重加强以下相关重点工作。

（1）运用溯源监管，加强安全风险管控。

（2）运用分类分级监管，将安全生产隐患排查引入正轨和快车道。完善生产安全事故隐患分级管控和分类排查治理标准，要做到任务清、标准明、执行严。

（3）运用闭环循环监管方法，强化城市运行安全保障。定期排查区域内安全风险点、危险源，落实管控措施，构建系统性、现代化的城市安全保障体系，推进安全发展示范城市建设；加大投入，提高基础设施安全配置标准，保障重要设施的本质安全性能；重点加强对城市高层建筑、大型综合体、隧道桥梁、管线管廊、轨道交通、燃气、电力设施、游乐设施等重点地点的检测维护。

(三) 地方高危岗位和场所集中，长期处于高危状态

地方危险岗位和场所数量过多会直接造成地方危险系数过高，地方危险系数过高会造成地方长期处于高危状态。地方安全生产监管强度要与地方危险系数相匹配，地方危险系数过高，监管能力、政府安全投入、人力资源调配就要加强和调整，或有必要进行安全生产监管方法上的改变。根据目前现有监管模式，推荐运用重点监管、闭环循环监管、溯源监管等监管方法，并分别注重加强以下相关重点工作。

(1) 充分运用重点监管方法，适用对危险岗位和场所的安全生产法律规定，进行重点专项整治。粉尘涉爆危险场所要严格适用《粉尘防爆安全规程》（GB 15577—2018）、《铝镁粉加工粉尘防爆安全规程》（GB 17269—2003）、《粉尘爆炸危险场所用收尘器防爆导则》（GB/T 17919—2008）等的规定；有限空间要严格适用《工贸企业有限空间作业安全管理与监督暂行规定》（国家安全生产监督管理总局令第 59 号）、《有限空间作业安全技术规程》（DB 33/707-2008）等的规定；危险化学品使用岗位要适用《危险化学品安全管理条例》（国务院令第 591 号）、《危险化学品重大危险源监督管理暂行规定》（国家安全监管总局令第 40 号）等的规定。确保危险岗位和场所安全设备施符合要求，管理规范。

(2) 运用闭环循环监管方法，强化生产经营单位预防措施。生产经营单位要定期开展风险评估和危害辨识；树立隐患就是事故的观念，建立健全隐患排查治理制度、重大隐患治理情况向负有安全生产监督管理职责的部门和企业职代会"双报告"制度，实行自查自改自报闭环管理。

(3) 运用溯源监管方法，进行高危岗位改造，推进产业结构调整。

关于地方安全生产监管适用哪种方法，有关研究机构已根据本书中所介绍的相关原理，以各种安全生产监管方法适用成功的地区为标准，比照地方实际安全生产监察执法能力、安全生产现状、近五年生产安全事故情况，结合大数据分析及机器学习技术，建立了安全生产监管方法评估指标体系和安全生产监管方法适用模型，制作了地方安全生产监管方法适用软件。其中地方安全生产监察执法能力包括执法人员数量、学

历、技术等级和资格证持证情况等；地方安全生产现状包括地方年度国民经济生产总值、生产经营单位数量、高危行业种类和单位数量、危险岗位数量、从业人员数量、从业人员素质等数据；近五年生产安全事故情况包括地方生产安全事故发生总数量、重特大事故和一般事故的比例、事故原因和事故类型、事故发生的领域等数据。

通过地方安全生产监管方法适用软件输入本地方安全生产监管相关数据，可以科学地选择出地方当前一段时间安全生产监管方法的最佳的适用方法的种类，为安全生产监管机构决策提供参考。目前该软件已通过专家评审，得到了认可和一致好评，并取得了国家专利。

主要参考文献

傅贵，2013. 安全管理学——事故预防的行为控制方法［M］. 北京：科学出版社.

金龙哲，汪澍，2019. 安全工程理论与方法［M］. 北京：化学工业出版社.

罗云，2017. 安全经济学［M］. 3版. 北京：化学工业出版社.

梅强，2019. 安全经济学［M］. 北京：机械工业出版社.

全国人大常委会法制工作委员会社会法室，2014. 中华人民共和国安全生产法解读［M］. 北京：中国法制出版社.

尚勇，张勇，2021. 中华人民共和国安全生产法释义［M］. 北京：中国法制出版社.

田水承，景国勋，2009. 安全管理学［M］. 北京：机械工业出版社.

伍爱友，李润求，2016. 安全工程学［M］. 2版. 徐州：中国矿业大学出版社.

中华人民共和国科学技术部，2006. 国际安全生产发展报告［M］. 北京：科学技术文献出版社.

邹贵亮，2017. 安全生产监管基础［M］. 杭州：浙江大学出版社.

后　记

笔者有幸参与了深圳经济特区工业化初期的安全生产监督管理工作，目睹了深圳市龙岗区由一片海边丘陵经过几十年的发展，地区生产总值高速增长，连续三年位列全国工业百强区榜首的艰难历程；经历了20世纪90年代至21世纪初深圳产业转型期几个重要节点的安全生产监管过程；参与实施了由传统的重点监管到计划监管的过程，探索了安全生产托管、分类分级监管、倒推式监管、网格化监管等多种创新的安全生产监管模式，这为笔者留下了宝贵的实践经验和精神财富。

转型升级，有人称之为"凤凰涅槃"，可见转型之艰难，但每一次转型都推动了深圳产业结构的优化和升级，推动了深圳经济发展质和量的飞跃。同时，每一次转型发展也给地方安全生产监管工作带来了新的挑战，提出了更高的要求。

是以为记，供安全生产监管方法的实践者和研究者参考。再次向本书相关安全生产监管政策制定者和实践者表示衷心的敬意和感谢！

笔　者

2021年12月6日